陆家佑 著

岩体力学
及其工程应用

（第 2 版）

中国水利水电出版社
www.waterpub.com.cn
·北京·

内 容 提 要

本书简要叙述了作为岩体力学理论基础的弹塑性理论、强度理论和流变理论，介绍了岩体中不连续面和含有不连续面的非均匀岩体的力学特征，以及如何根据岩体力学特性和工程与岩体相互作用关系，建立了简单实用的力学模型，把固体力学相关分支融入岩体力学，并纳入工程应用。

本书工程应用部分重视理论与工程实践紧密结合，着重介绍作者在压力隧洞、隧洞围岩稳定性和重力坝坝基稳定性方面的研究成果，对生产单位和研究单位工作人员有一定参考价值，亦可供研究生和本科生作为教学参考书。

图书在版编目（CIP）数据

岩体力学及其工程应用 / 陆家佑著. -- 2版. -- 北京 ：中国水利水电出版社，2017.9
ISBN 978-7-5170-5926-4

Ⅰ．①岩… Ⅱ．①陆… Ⅲ．①岩石力学 Ⅳ.
① TU45

中国版本图书馆 CIP 数据核字(2017)第 240157 号

书　　名	**岩体力学及其工程应用（第 2 版）** **YANTI LIXUE JI QI GONGCHENG YINGYONG**
作　　者	陆家佑　著
出版发行	中国水利水电出版社 （北京市海淀区玉渊潭南路 1 号 D 座　100038） 网址：www.waterpub.com.cn E-mail: sales@waterpub.com.cn 电话：（010）68367658（发行部）
经　　售	北京科水图书销售中心（零售） 电话：（010）88383994、63202643、68545874 全国各地新华书店和相关出版物销售网点
排　　版	北京图语包装设计有限公司
印　　刷	北京瑞斯通印务发展限公司
规　　格	184mm×260mm　16 开本　13.25 印张　245 千字　1 插页
版　　次	2011 年 9 月第 1 版　2011 年 9 月第 1 次印刷 2017 年 9 月第 2 版　2017 年 9 月第 2 次印刷
印　　数	0001—2000 册
定　　价	**60.00 元**

序一

挚友陆家佑的专著《岩体力学及其工程应用》再版，嘱为之序。

读完全书，一段尘封的历史跃然纸上。那时投身岩体力学有明确的目标、任务和时限。20 世纪 50 年代，国家积极准备建设长江三峡水力发电工程，专门成立了长江流域规划办公室（简称长办——国务院第十三办公室），周恩来总理兼任主任，副主任是水利部副部长林一山。长办有长江科学院，院里专设三峡岩基组，组长是陈宗基先生，"文化大革命"以后被选为中科院院士。为了加强岩基组的科研力量，从中国科学院、水利水电部水电科学院等 14 个单位抽调科研人员支援三峡建设，任务是全面研究和积极解决：三峡大坝、地下厂房、隧洞、地基和边坡稳定，岩体物理化学性质、室内外试验、灌浆加固和动力爆破等许多科学技术和工程施工问题。家佑与我先后奉调岩基组，和金汗平、李先伟、林天健、葛修润、席政国、梅剑云、周思梦、裴孟辛、陈彦生等走到了一起，开始了岩石力学研究工作，由相知相识，同甘共苦，开启了五十余年的真挚友谊。

当时，岩体力学还处在萌芽状态，国内外都没有现成的成功经验可以借鉴。我们知道，岩石具有许多固体共有的性质，但是岩体中构造断裂形成的不连续面异常发育，研究岩石力学将遇到许多想象不到的困难。对研究成果的要求是创新，有道是：科学的目的是认识世界，成果是创造；技术的目的是改造世界，成果是发明；经济学的目的是资本升值，成果统称创新。就这样，国家要求我们将研究岩体力学，以创造和发明作为毕生事业。家佑这本书的内容背后反映了这段特定的岩体力学史实。

没有想到的是，更大的困难是工作环境。当时国家正处在"大跃进"后的困难时期，粮食限量，体能下降，开始浮肿，四肢无力；岩基组要求业余开办复分析和连续介质力学讲座，我和家佑主讲，彦生一直坚持；反映了对岩体借用连续介质思维的阶段；石根华开创了岩石块体理论和后来的非连续变形分析方法。接着，"文化大革命"开始了，家佑工作的单位中国水利水电科学院和中科院一度都被撤销，他被迫在施工单位和设计单位之间游荡十年。20 世纪 80 年代初，家佑曾在清华大学任专职教师，为研究生开设岩体力学课。在动荡岁月，这可真是不幸中之大幸。

非常难得的是，家佑长期坚守在岩体力学领域，从多视角审视研究岩体力学，根据任务需要做了各种课题，终成正果。特别是：实验室内岩石小试块变形和强度试验；野外原位岩体变形和强度试验；原位岩体应力测试和地下工程开挖过程岩体变形检测；以实际工程为对象，分别用物理模拟方法和数值分析方法研究大坝稳定性；水压力作用下隧洞衬砌与岩体联合作用的理论研究；硐室岩爆预测及治理；在外界爆炸作用下地下工程围岩稳定性理论研究等。

无论研究课题大小，家佑都是满腔热忱，认真工作，深入钻研，为人低调，深得同行拥戴。哪怕实验室内岩石小试块强度试验，只是常规试验，家佑也认真对待；从岩石破坏机制得到深刻认识，因而三十年后为他研究硐室岩爆时从中得到重要启发。

岩爆是国外研究了一百年未能圆满解决的问题。对其破坏准则万变不离其宗，几乎所有研究者都是以岩石极限抗压强度作基准，各自建议乘以不同的系数；工程上所有系数，包括安全系数，实为糊涂系数。家佑经过现场观察，从岩爆的破坏痕迹，找到岩爆破坏规律，并建议了岩爆破坏准则和其强烈程度的判定。然后用物理模拟方法和数值计算方法做了岩爆预测和工程治理系统研究，努力去掉糊涂系数。

对于隧洞水压试验研究岩体变形特性，在 20 世纪国内外都发表过许多成果。家佑与他的团队从实验结果中得到启示，分别完成了在内水压力作用下，水工隧洞衬砌与各向异性弹性岩体和衬砌与弹塑性岩体联合作用两项理论研究。

以往，由于岩石地基上应力计算的困难，对于坝基可能沿某条软弱面滑动失稳，只能用极限平衡理论判定其抗滑稳定安全系数，但是极限平衡理论概念太过简单化，计算结果随意性很大。家佑认为在数值计算方法可以提供较接近实际坝基应力状态的今天，可以仿效结构构件设计，用大坝破坏的起始应力状态作为安全准则。用非线性理论得到大坝崩溃时的应力状态决定安全系数，不仅繁琐，而且是用先进的应力分析方法最终仍回到陈旧的理念上，得到的还是含混不清的糊涂结果。

第 2 版中，《岩体力学及其工程应用》增加了"洞室围岩动力稳定性"一章，对地面爆炸源作用时，地下工程围岩稳定性的理论研究，采用的是不可压缩理想流体力学模型，这就是 20 世纪五六十年代我国流行的爆炸流体动力学，曾在定向爆破筑坝工程应用中，得到较好的效果。

《岩体力学及其工程应用》（第 2 版）是一本学风严谨、思维缜密、行文简洁、以创新为主线、理论联系实际的好书。我愿向力学工作者以及相关专业的工程师、研究工作者、研究生和高年级学生郑重推荐。

是为序。

郭友中

中国科学院数学计算技术研究所（武汉）

2015 年 11 月

序二

欣逢老友陆家佑八十二寿辰及其著作再版，恭贺之际，自有感慨万千。

我们相识于1956年9月，正值北京秋高气爽，电力工业部水电科学研究院在东郊挂牌的时候。工业建设的进展和向科学进军的高潮使我们觉得生正逢时，大有可为。在迎新会后，我们沿着门前的柏油路向东走，盛赞社会主义经济建设欣欣向荣。联系到我们即将从事的岩体力学研究和今后十年二十年水电建设的宏伟规划，更是摩拳擦掌，立志请缨。经过暑假的闲置，附近的足球场长满了野草，我们秉兴坐在地上，仰望蔚蓝的天空和西山的白云，畅谈国家远景和个人前程。兴奋之中不觉晚霞退出远处的树梢，夜幕降临。

然而，千里之行，始于足下。当时岩体力学研究在我国刚刚开始，外汇短缺，仪器设计和加工的力量薄弱，更加上我们没有经验，无人指导，全靠自己摸索，真是困难重重。尤其使我感到力不从心的是本身力学基本功太差，有如根子不深的植物其叶必然不会茂盛，很希望有机会脱产学几年固体力学。虽然是初相识，我为他的推心置腹所感动，向他谈到一件没有与旁人提起过的憾事。毕业前几个月，学校曾提名我报考留苏研究生，通过了体格检查，也复习了15门课程准备应试，最后因政治条件不够没有资格参加考试，深为惋惜。家佑劝我立足国内，自力更生。他没有摆革命的大道理，而是劝我不必遗憾，出国深造对人有好处，出不了国也能为祖国做出贡献，只要坚持，一定会做出成绩。他既如此劝我，本人也身体力行，几十年如一日，果然成绩斐然。

改革开放以前物质条件之差，交通之不便，是现在的人想象不到的。在云南做野外实验的人好像到了古代的边陲；在黄河上游靠牲口运送笨重设备；去湘西沅江勘探工地得翻山越岭，步行十多个小时，常年吃发霉长蛆的豆豉。然而，那个时代的人工作热情高，克己奉公，以吃苦为荣，并在千辛万苦地完成任务后还检查自己的缺点，归咎于思想改造之不足。印象最深的是国庆十周年，家佑、陈凤翔、叶金汉和我各自在武汉、北京和福建工作，繁忙之中仍然书信穿梭来往，探讨岩体力学的研究方向和长远规划。以我们浅薄的知识和卑微的地位去关心偌大的题材，难免引人发笑。为了对付刻薄的讽刺，我以韩愈的诗句说服自己："人皆叽造次，我独赏专精。"感谢黄文熙教授和覃修典教授两位副院长对后生的信任，1962 年的十年规划（中科院和水电部各一份）中有关岩石力学的章节真的交给了我起草。有了三年前四人讨论的基础，我们的愿望和热忱也就顺理成章地变成了领导制定该部分规划的初稿。

家佑很关心集体水平的提高。三年困难时期，领导号召劳逸结合，他团结爆破组和岩石力学组的业务骨干进修数学，自学和集体讨论的方式以复变函数为起点，争取无师自通，充分利用了这段闲散时间，为后来的工作开展创造了有利条件。在他的鼓励之下，我还写了一本书介绍国外坝基处理的经验，水平不高却有一定的实用参考价值，没有虚度光阴。想不到，1965 年被别人偷去发表，是家佑阻止我声张。当时没有知识产权的概念，又是工业交通会议之后突出政治的高潮，盗窃成果者固然可耻，也不提倡保卫个人权益。家佑告诫我要当无名英雄，不要为屑小的损失而一叶障目，看不见大方向。他在关键时刻的指点使我少了许多麻烦，变得心胸开阔，更加专心致志。

"文化大革命"之后，家佑归队较晚，他克服多种不便，在动荡的生活中学习和追赶科学发展的新形势。20 世纪 80 年代出国留学的高潮中，他坚守岗位。在清华大学筹备岩石力学课程，更是客观压力大，又无前例可循。他夙夜匪懈，呕心沥血，终于及时开讲，没有辜负黄文熙教授等老前辈对他的厚望。当时恢复高考，很多中年父母全力以赴，苦心孤诣地辅导子女闯过升学的难关，家佑也面临考验，为公为私不能两全，只好放弃一头把困难留给自己，集中精力从事教学和科研。

《岩体力学及其工程应用》篇幅不大，可来之不易。友中的序言对它的价值和独到之处已有详尽的介绍。我为之感叹的是与这本书相映的作者奋斗的历程和热忱。家佑的坦荡和诚恳很像他父亲陆叔言先生。陆伯父自20世纪20年代初上海南洋公学（交通大学前身）电机系毕业后，1931年与友人在四川重庆创办实业，在抗日战争中作出贡献，尽到自己的一份力量。1949年新中国成立后，他作为一名知识分子努力参加国家建设，主动放弃上海舒适的生活，先后参加过长春第一汽车厂、洛阳拖拉机厂、四川德阳重型机械厂的建厂工作。1956年冬，他回上海度假，因为他被评为当年第一汽车厂先进工作者，机械工业报记者去他家采访，正巧我出差上海去看他时，新闻记者为他拍照，我也帮忙移动家具，替摄影师高举镁光灯。没想到六十年后，家佑的著作再版，要我写篇序，实际上给了我一个学习的机会。从举镁光灯到写序，让我见证了陆家父子两代人对国家的贡献，真是"三生有幸"。联想到六十年来的风云变幻和同辈人的忧患得失，这句口头禅却带给我浓厚的历史感和对人生奋斗历程的无限回味。

读罢家佑的新稿和友中的评论，回顾本专业的发展，我曾掩卷长叹："假如我辈起步时具有现在年轻人所享有的优越条件，成绩应该比我们实际得到的会大很多！"相信后来者居上，下一代一定能创造奇迹，造福人类，增辉祖国。

我谨借此机会向散居各地的专业朋友问候，致敬！虽然语义皆庸，权代一席之言：各位人生经历虽然各不相同，常闻不断探索与创新则是相同的。因此，特别是在国家大力提倡创新的今天，再版家佑的新作具有更多的借鉴和启迪意义，希望见到你们和广大专业工作者，多出版宝贵成就与精彩人生的新作！

金汉平

于美国加州

2015 年 11 月

第 2 版前言

岩体力学作为一门学科还十分年轻，但是岩石作为建筑材料历史悠久，世界上许多著名的古代建筑物是由岩石建造的，岩石是自然界赋予人类的天然建筑材料，有价廉物美、取之不尽用之不竭、强度高、耐磨、防火等优点。并且只要根据人类的需要切割成形即可，不需任何化学加工。

岩石当做建筑材料，总是选好的岩石切成小块，避开了天然裂隙，强度都很高。因为安全上没有多大问题，对它的力学性质的研究就不迫切。单独取一小块岩石，不包含不连续面，与其他固体有许多共同点，可以当作连续介质，应用连续介质力学处理。

岩体力学真正受到重视与近代工业的发展分不开，大坝基础、地下厂房、压力隧洞、铁路和公路隧道、煤矿和金属矿以及石油开采等工程推动了岩体力学发展。由于工程涉及的范围较大，断层、层面、节理、裂隙等不连续面不可回避，岩体的力学性质和应力传递机制受其影响，这就注定近代岩体力学的研究对象绝非岩石小块体，而是包含各种尺度不连续面的岩体，因而连续介质力学的应用是有条件的，对于错综复杂的客观状态必须具体问题具体分析。**把经典固体力学与岩体的不连续性相结合，解决各种实际问题，这就是岩体力学。**

本书前 6 章为岩体力学理论基础，后 9 章为工程应用。第 1 章介绍了岩体中不连续面的力学特征；第 2 章、第 3 章、第 4 章分别叙述了岩体弹塑性理论、岩体强度理论和岩体流变理论；第 5 章和第 6 章分别叙述了不连续面呈规律分布的层状岩体和不连续面随机分布的复杂岩体；第 7 章针对隧洞水压试验反映的岩体各向异性性质，建立了适用于各向异性岩体中压力隧洞衬砌应力计算方法。第 8 章基于岩体的塑性变形性质和某工程压力隧洞衬砌发生纵向裂缝事故，建立了弹塑性岩体中压力隧洞应力计算方法；第 9 章回顾了地下工程设计思想的发展，并讨论了地下工程设计的可能发展趋向；第 10 章叙述岩爆发生的条件并根据岩爆造成的围岩破坏机制建立的产生岩爆的强度准则；第 11 章用试验结果讨论了天生桥引水隧洞发生岩爆的原因，以及鲁布革电站只产生脆性破坏但不发生岩爆的原因；第 12 章用光弹性试验研究了两条平行隧洞岩爆相互影响的可能性；第 13 章首先介绍根据岩爆分析岩体应力，然后把数值计算方法应用于岩爆预测与治理；第 14 章假定爆炸能量传递时，岩体近似成不可压缩流体，然后对地面爆炸时硐室围岩稳定性作了理论研究；第 15 章叙述有软弱夹层的重力坝在失稳过程的两种力学状况：稳定滑动与黏滑，并根据软弱夹层失稳后的力学特征，确立失稳准则。

作者
2017 年 1 月

第 1 版前言

岩体力学作为一门学科还十分年轻，但是岩石作为建筑材料历史悠久，世界上许多著名的古代建筑物是由岩石建造的，岩石是自然界赋予人类的天然建筑材料，有价廉物美、取之不尽用之不竭、强度高、耐磨、防火等优点。并且只要根据人类的需要切割成形即可，不需任何化学加工。

岩石当做建筑材料，总是选好的岩石切成小块，避开了天然裂隙，强度都很高。因为安全上没有多大问题，对它的力学性质的研究就不迫切。单独取一小块岩石，不包含不连续面，与其他固体有许多共同点，可以当作连续介质，应用连续介质力学处理。

岩体力学真正受到重视与近代工业的发展分不开，大坝基础、地下厂房、压力隧洞、铁路和公路隧道、煤矿和金属矿以及石油开采等工程推动了岩体力学发展。由于工程涉及的范围较大，断层、层面、节理、裂隙等不连续面不可回避，岩体的力学性质和应力传递机制受其影响，这就注定近代岩体力学的研究对象决非岩石小块体，而是包含各种尺度不连续面的岩体，因而连续介质力学的应用是有条件的，对于错综复杂的客观状态必须具体问题具体分析。**把经典固体力学与岩体的不连续性相结合，解决各种实际问题，这就是岩体力学。**

本书前 6 章为岩体力学理论基础，后 6 章为工程应用。第 1 章介绍了岩体中不连续面的力学特征；第 2 章、第 3 章、第 4 章分别叙述了岩体弹塑性理论、岩体强度理论和岩体流变理论；第 5 章和第 6 章分别叙述了不连续面呈规律分布的层状岩体和不连续面随机分布的复杂岩体；第 7 章针对隧洞水压试验反映的岩体各向异性性质，建立了适用于各向异性岩体中压力隧洞衬砌应力计算方法；第 8 章基于岩体的塑性变形性质和某工程压力隧洞衬砌发生纵向裂缝事故，建立了弹塑性岩体中压力隧洞应力计算方法；第 9 章回顾了地下工程设计思想的发展，并讨论了地下工程设计的可能发展趋向；第 10 章叙述岩爆发生的条件并根据岩爆造成的围岩破坏机制建立的产生岩爆的强度准则；第 11 章首先介绍根据岩爆分析岩体应力，然后把数值计算方法应用于岩爆预测与治理；第 12 章叙述有软弱夹层的重力坝在失稳过程的两种力学状况：稳定滑动与黏滑，并根据软弱夹层失稳后的力学特征，建议了失稳准则。

作者

2011 年 1 月 10 月

目　　录

第1章 岩体不连续面的力学特征

1.1 引言

鉴于不连续面在岩体中的作用，它们对岩体中工程的安危至关重要，在对岩体作应力计算和稳定分析时必须考虑，这也是岩体与作为建筑材料的岩块不同之处，没有不连续面的岩块可以用经典固体力学处理，而计算单元内只含有小的不连续面的岩体，能否用连续力学处理就不一定，必须弄清它们的力学性质。如果计算单元内有大的、影响全局的不连续面，更需要特殊对待。

首先，必须认识岩体中的不连续面。

1.2 不连续面的变形特性

岩体中的不连续面对它的应力分布影响甚大，进行应力分析时必须考虑。在用数值方法分析应力场时，对于均匀介质计算精度很高，至于不连续岩体，计算精度取决于不连续面空间分布及其变形特性的认识程度。在一个计算单元中，如果只有小的不连续面，只要取得包含这些不连续面在内的岩体应力应变关系即可。对于对稳定性起控制作用较大的不连续面，还需要弄清楚不连续面本身的变形特性。

以往，用极限平衡理论计算抗滑稳定性时，由不连续面剪切试验得到的变形曲线，仅用了曲线上的某些特征点选择强度参数。对于应力计算，还需要据此建立不连续面的力学模型并确定变形特性参数。此外，除了切向变形特性外还需要弄清楚不连续面法向变形特性。

不连续面的变形特性受围压、孔隙压力、温度、不连续面的几何状况、夹泥层厚度，以及围岩的力学性质和矿物成分等因素的支配。

一条不连续面，如果不受正应力作用，则施以不大的剪应力就会滑动，像理想塑性介质。在正应力作用下，应力变形曲线的斜率随正应力大小而变化，即变形 u 是正应力和剪应力的函数，$u = f(\sigma, \tau)$。正应力愈高，其线性范围也就愈宽，见图 1.1（a）。有一些不连续面，当正应力在某一范围内，变形曲线的斜率异常接近，只是极限值有高低之差，见图 1.1（b）。这种情况下，变形只是剪应力的函数，即 $u = f(\tau)$。

尽管不连续面的应力变形关系很复杂，但是根据完整的变形曲线，可以归结为两种情况：①脆性破坏（图 1.2 中的曲线 A）；②塑性破坏（图 1.2 中的曲线 B）。脆性破坏又称黏滑，塑性破坏又称稳定滑动。

脆性破坏的变形特点是：如图 1.2 所示，在受力初期呈线性，不连续面两侧岩石切向变形连续，这一阶段终于点 1，这时不连续面开始开裂。此后，随着剪应力增加，不连续面上的裂缝继扩展，最终全部错断；第二阶段起于点 1，止于点 2；第三阶段，两侧岩石沿不连续面摩擦滑动，至点 3 达到极限状态，应力突然下降至点 4。塑性破坏过程为稳定滑动。与脆性破坏不同的是，到达点 3′后不产生突然的应力降。脆性破坏过程中，黏滑现象可能反复出现，见图 1.3 和图 1.4。前者由三轴压力装置对有天然不连续面和人工锯开不连续面的小块岩样得到，后者是直剪试验的一个例子。

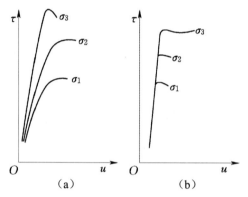

| 图 1.1　剪应力与剪切变形关系 | 图 1.2　脆性破坏与塑性破坏时剪应力变形关系 |

对不连续面的两种变形特性的研究在生产实践中意义较大。在地震学中黏滑被认为是一种地震机制，围绕着弄清楚产生黏滑的条件，做了许多工作，地震学中侧重于高温和高围压条件进行工作。至于工程中不连续岩体的应力分析，如何建立合理的不连续面力学模型，首先要弄清楚不连续面的变形特性，反映黏滑和稳定滑动的力学模型是不一样的，特别是为了实际计算中简单易行，力学模型的简化更需要根据变形曲线有的放矢。坝基稳定分析是常温、

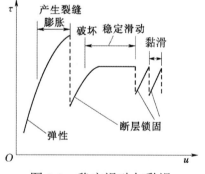

图 1.3　稳定滑动与黏滑

常压问题，对不连续面变形特性影响较大的是不连续面的粗糙度和充填物的物理力学性质、裂隙水压力等。

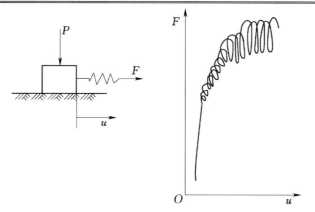

图 1.4 黏滑好比用一水平力通过一个弹簧拉一块体，起初弹簧受力，块体不动，待力 F 克服块体摩擦之后，块体突然向前跳跃。力 F 部分松弛，F 再加过程中上述现象又会重现

当剪应力为常数，不连续面的正应力 σ_n。与垂直变形 v 的关系如图 1.5 所示。可以看出压缩变形有一极限值，到达此极限以后，正应力增加，变形不再增加，此后不连续面法向的物性关系与围岩相同。当然，围压愈高，抗滑能力愈高。还可以看到，不连续面在拉应力作用下，拉伸变形很小，拉应力到达极限抗拉强度后，不连续面拉开，岩体不再传递拉应力。

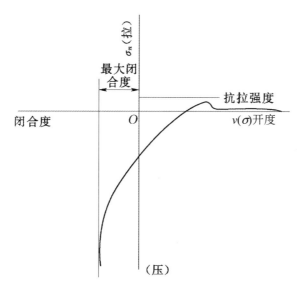

图 1.5 剪应力为常数，不连续面闭合度与正应力关系 $v(\sigma)$—垂直变形

此外，不连续面剪切过程中，开始产生裂缝时，岩体发生膨胀，图 1.6 表示不连续面受剪应力作用后的三个发展阶段；图 1.6（a）相当于线性阶段，即图 1.2 中 O—1 阶段；图 1.6（b）相当于图 1.2 中的 1—2 阶段，即开裂（膨胀）阶段；图 1.6（c）相当于图 1.2 中的 2—3 阶段，即摩擦阶段。

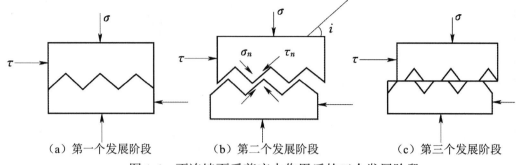

（a）第一个发展阶段　　　（b）第二个发展阶段　　　（c）第三个发展阶段

图 1.6　不连续面受剪应力作用后的三个发展阶段

图 1.7 表示法向应力为常数时，剪切过程中剪切变形与膨胀的关系，膨胀与法向应力也有关系，正应力大于临界应力之后，剪切过程不出现膨胀而是压缩，并且压缩趋向一极限值。图 1.7 中 σ_T 为不产生膨胀的临界正应力，$v(\tau)$ 为剪应力引起的垂直变形，$u(t)$ 为剪切应力引起的切向变形。

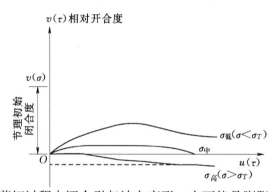

图 1.7　不连续面在剪切过程中还会引起法向变形，它可能是膨胀，也可能是压缩

1.3　不连续面的强度特性

岩体中的不连续面，是地壳在应力长期作用下破坏后的遗迹，地壳经过多次运动之后，岩体应力的大小、方向都发生了变化，并且由于围岩相互约束，不连续面受正应力的作用，仍具有一定抗剪能力。

不连续面的强度总是小于围岩强度，它的抗拉强度特别低，没有充填物的不连续面没有抗拉强度，有充填物的不连续面抗拉强度取决于充填物的抗拉强度。

不连续面的抗剪强度比较复杂，一般而言，有一定粗糙程度的不连续面，没有充填物者抗剪强度最高，充填物薄者次之，充填物厚者最低。接触面的状况必然会强烈地影响到滑动机制，不连续面中充填泥化夹层，往往趋向稳定滑动，没有充填物而粗糙度较大者容易产生黏滑。

没有充填物的不连续面，光滑接触面的强度最低，随着粗糙度增加，强度亦提高。如果把粗糙面典型化为规则的锯齿状（图 1.6）得

$$\left.\begin{array}{l}\tau_n = \tau \cos i - \sigma \sin i \\ \sigma_n = \sigma \cos i + \tau \sin i\end{array}\right\} \tag{1.1}$$

假定锯齿面的滑动破裂服从 Coulomb-Navier 准则；并假定 $C=0$，则

$$\tau_n = \sigma_n \tan \varphi \tag{1.2}$$

将式（1.1）代入式（1.2），不连续面的滑动破坏准则为

$$\tau = \sigma \tan(\varphi + i) \tag{1.3}$$

式中　φ——锯齿面的内摩擦角；

　　i——锯齿面与水平方向的夹角。

式（1.3）相当于图 1.8 中的锯齿面膨胀阶段。当 σ 较大，锉齿面剪断并沿平面摩擦剪切，其剪断准则为

$$\tau = C + \sigma \tan \varphi \tag{1.4}$$

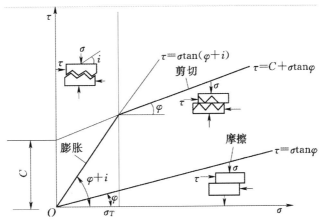

图 1.8　剪切破坏三个过程——膨胀、剪断、摩擦

对于没有充填物的不连续面，C 值是一个视凝聚力。由此可以看出不连续面的粗糙度不仅影响到滑动机制，对剪切强度的影响也很大，其影响程度受正应力 σ 的大小而有所不同。此外，接触面的初始状况也有影响，开始处于密合状态的接触面，剪切膨胀可以提高抗剪能力。反之，开始处于松散状态的接触面，受剪后闭合（图 1.9）这一阶段体积收缩，会促进剪切滑动，这时滑动准则为

$$\tau = C - \sigma \tan \varphi \tag{1.5}$$

以上讨论是建立在 Coulomb Navier 理论上的。

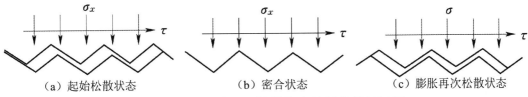

（a）起始松散状态　　　　（b）密合状态　　　　（c）膨胀再次松散状态

图 1.9　开始处于松散状态接触的剪切过程

1.4　不连续面的可能破坏机制

　　岩体中各种断裂面的分布错综复杂，岩石物性的非均质以及应力分布不均匀，岩体的破坏机制势必也十分复杂。甚至同一条不连续面，由于各分段的粗糙程度或充填物不同，都影响到它的破坏形式。

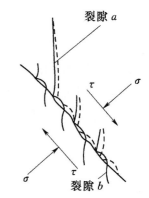

图 1.10　不连续面可能破坏机制

　　如图 1.10 所示，表示一种简单的情况，一条粗糙程度不均匀的不连续面，相当于一系列椭圆形扁孔穴连续排列，不连续面一侧的端部有一组小裂隙（图 1.10 中实线表示的裂隙 a）。当不连续面滑动时，剪切位移不均匀，裂隙 a 延伸。另外，各个椭网形孔穴央端脆性破裂，产生另一组裂隙 b，它们向外作稳定传播。这两组裂隙均沿主应力方向传播。

参考文献

[1] Rosenblad J L. Failure models of jointed rock massea，2nd Cong. of the Int. Soc. for Rock Mech.，1970（2）：75 -81.

[2] Brace W F. Expermental study of seismic behavior of rock under crustal conditions. Engineering Geology，1974，8（21）：109 -127.

[3] Jaeger J C. Friction of rock and the stability of rock slopes. Geotechnique，1971，2（2）：97 -134.

[4] Goodman R E，Heuze F E，Ohnishi Y. Research on strength - deformability - Water Pressure relationships for faults in direct shear. Final Rep. on ARPA Contract H0210020 Univ.，1972. California. AD747673.

[5] Hoek E，Bray J. Rock slope engineering. Unwin Brothers Limited，1974.

[6] Obert L. Brittle fracture of rock. Charpter 3 of "Fracture V. 7". Edited by Liebowitz，H. Academic Press，1972：93 - 115.

[7] Hoek E. Brittle failure of rock. Charpter 4 of "Rock mechanics in engineering practice". Edited by Stagg K G and Zienkiewicz O C. John Wiley & Sons.，1969：99-124.

第 2 章　岩体弹塑性理论

2.1　引言

平衡方程

$$\sigma_{ij,j} + \rho X_i = 0, \left(\rho \frac{\partial^2 u_i}{\partial t^2} \right) \tag{2.1}$$

几何方程

$$\delta_{ij} = \frac{1}{2}(u_{j,i} + u_{i,j}) \tag{2.2}$$

这两个方程是固体必须服从的基本方程式。固体还必须遵循的另外一个方程——本构方程，因材料而异。固体力学中的各个分支的区别，也只是它们的本构定律不同，只有当它们都处在弹性状态时，才服从的共同 Hooke 定律。因此，岩体的本构定律是岩石力学的主要研究任务之一。

由于岩体是地质材料，它是由各种地质结构面以及被它们切割的完整（或较为完整）的岩石组成的复合介质。因此，岩体好比堆砌的积木，其性质可能呈弹性、塑性、黏弹性、黏塑性或脆性破裂的积木块堆砌而成，它们之间的缝隙也可能是自由接触、有充填物或黏接，缝隙的力学性质甚至比积木块更复杂，它们也具有积木块类似的各种属性。

无论实验室岩块试验或是原位试验，都表明岩石的塑性变形十分突出，地下建筑物围岩变形，坝基变形和边坡滑动都显示了岩体塑性变形不可忽视。地质现象中，大地构造的各种运动留下了许多岩体塑性变形的痕迹。

因此，要精确地计算各种工程对岩体扰动后在新的应力条件下岩体是否稳定，以及保证岩体维持稳定的必要条件，并据此作出经济、合理的工程设计，充分研究岩体的塑性性质十分重要。通过地壳构造的遗迹从力学领域去研究地球的过去，塑性力学也很有价值。

岩体力学中塑性理论包括两个方面：一是建立岩体屈服准则和应力应变关系；二是发展包括塑性变形在内的岩体应力分析的数学方法。经典塑性理论的建立主要是根据金属的属性，它的特点是屈服不受静水应力状态的影响。塑性理论中考虑到岩石属性是最近的事。岩石进入塑性状态受静水应力影响。

2.2　岩体应力应变关系

从单向压缩试验中知道，应力在弹性范围时，加载与卸载都服从 Hooke 定律，即变形是可逆的。超过弹性极限以后产生塑性变形，外荷载卸去以后，卸载过程中应力应变关系服从 Hooke 定律，与其相对应的塑性变形不会消失。再加载时就需要考虑初始应变 ε^p，再加载过程中，到达上一次开始卸载的应力后，重新产生塑性变形。

初次出现塑性变形的应力叫初始屈服极限，再加载时重新产生塑性变形的应力称为后继屈服极限。后继屈服极限大于初始屈服极限的这种现象称为应变强化，后继屈服极限与初始屈服极限相同，就是理想塑性（图 2.1）。

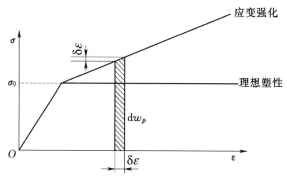

图 2.1　弹塑性应力应变关系

弹塑性材料进入塑性变形以后，加载与卸载的应力应变规律不同。如图 2.2 所示，根据加载过程（或称加载历史）不同，某一应力值可能对应点 1 的应变，也可能对应点 2 的应变，以至于对应无穷多个应变。反之，某一应变也可以对应无穷多个应力，即弹塑性应力应变之间的关系是多值关系，它不能用一个单值非线性函数表示，弹塑性应力应变关系不仅取决于最终应力状态，而且必需考虑到整个加载过程。

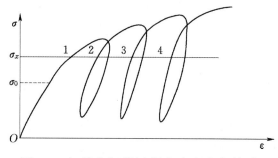

图 2.2　加载和卸载过程中应力应变关系

弹塑性材料的应力应变关系应该是在某一已知应力和变形状态下，表示成应力增量和应变增量之间的关系。在单轴应力状态时，可表示为

当 $\qquad\qquad\qquad \sigma < \sigma_0, \delta\varepsilon = \delta\varepsilon^e = \dfrac{1}{E}\delta\sigma$ $\qquad\qquad\qquad$ （2.3）

当 $\qquad \sigma > \sigma_0, \delta\varepsilon = \begin{cases} \delta\varepsilon^e + \delta\varepsilon^p = \left(\dfrac{1}{E} + \dfrac{1}{H'}\right)\delta\sigma, & \delta\sigma > 0 \quad （加载） & （2.4） \\[4mm] \delta\varepsilon^e = \dfrac{1}{E}\delta\sigma, & \delta\sigma < 0 \quad （卸载） & （2.5） \end{cases}$

式中　$\delta\varepsilon$，$\delta\varepsilon^e$，$\delta\varepsilon^p$——全应变增量，弹性应变增量，塑性应变增量；

$\qquad\quad \sigma_0$——初始屈服应力；

$\qquad\quad H'$——$\sigma = \sigma_0$ 处的切线模量。

理想塑性材料有

$$H' = 0 \qquad\qquad\qquad （2.6）$$

确定弹塑性材料的应力应变关系，需要解决以下三方面问题：

（1）弹性应力应变关系。

（2）材料进入塑性状态的准则。

（3）进入塑性状态后的塑性应力应变关系。

2.3　塑性准则

经典塑性理论是根据金属的属性建立的，金属的性质有两点特别重要：①屈服不受静水压力影响；②塑性体积应变为零。

在弹性变形阶段岩体服从 Hooke 定律，发生塑性应变时，应变可由瞬时应力唯一确定，应力分量之间有如下关系，即

$$f(\sigma_{ij}) = 0 \qquad\qquad\qquad （2.7）$$

如果岩石是各向同性的，式（2.7）可以写成：

$$f(I_1, I_2, I_3) = 0 \qquad\qquad\qquad （2.8）$$

其中，I_1、I_2、I_3 是三个应力不变量：

$$\left.\begin{array}{l} I_1 = \sigma_1 + \sigma_2 + \sigma_3 \\ I_2 = -(\sigma_1\sigma_2 + \sigma_2\sigma_3 + \sigma_3\sigma_1) \\ I_3 = \sigma_1\sigma_2\sigma_3 \end{array}\right\} \qquad （2.9）$$

因为屈服不受静水压力影响，只与偏应力 S_{ij}。有关，因此，屈服准则可以简化为

$$f(J_2, J_3) = 0 \qquad\qquad\qquad （2.10）$$

其中，J_2、J_3 是与 I_2、I_3 对应的偏应力不变量。

$$J_1 = S_1 + S_2 + S_3 = 0$$
$$J_2 = S_1 S_2 + S_2 S_3 + S_3 S_1 = \frac{1}{6}\{(\sigma_1 - \sigma_2)^2 + (\sigma_2 - \sigma_3)^2 + (\sigma_3 - \sigma_1)^2\}$$
$$J_3 = S_1 S_2 S_3 = \frac{1}{27}(2\sigma_1 - \sigma_2 - \sigma_3)(2\sigma_2 - \sigma_1 - \sigma_3)(2\sigma_3 - \sigma_1 - \sigma_2)$$

（2.11）

下面再看屈服准则的几何表示。

一点的应力可以由三个主应力完全表示，可分解为应力球张量和应力偏张量，即

$$
\begin{vmatrix} \sigma_1 & 0 & 0 \\ 0 & \sigma_2 & 0 \\ 0 & 0 & \sigma_3 \end{vmatrix} = \begin{vmatrix} \sigma & 0 & 0 \\ 0 & \sigma & 0 \\ 0 & 0 & \sigma \end{vmatrix} + \begin{vmatrix} \sigma_1 - \sigma & 0 & 0 \\ 0 & \sigma_2 - \sigma & 0 \\ 0 & 0 & \sigma_3 - \sigma \end{vmatrix}
$$

（2.12）

在 σ_1、σ_2、σ_3 空间中（图 2.3），OO' 是与三个坐标轴等交角的直线，其方向余弦为 $l = m = n = \dfrac{1}{\sqrt{3}}$。在 OO' 线上任一点 $\sigma_1 = \sigma_2 = \sigma_3 = \sigma$（应力球张量），即在该直线上 $S_1 = S_2 = S_3 = 0$。式（2.12）中 σ 为静水压力，$\sigma = \dfrac{1}{3}(\sigma_1 + \sigma_2 + \sigma_3)$。

过原点 O 作垂直于 OO' 的平面，即 π 平面，该平面的方程为

$$\sigma_1 + \sigma_2 + \sigma_3 = 0 \qquad (2.13)$$

即在 π 平面上应力球张量等于零，只有应力偏张量（图 2.3）。

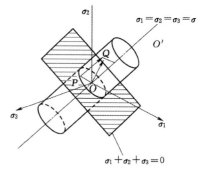

图 2.3　应力空间

空间中一点应力用矢量 OQ 表示，OQ 的两个分量为

OP：偏应力在 π 平面上影响材料屈服，为正八面体剪应力。

PQ：球应力在 OO' 线上不影响材料屈服，表示成（σ_1，σ_2，σ_3）。

屈服面就是与 OO' 平行的曲面与 π 平面的交线。也可以说屈服面是与 OO' 平行的柱面。

在 π 平面上有：

（1）屈服面是一个封闭曲线（图 2.4），原点在曲线内部。原点处应力为零，不可能在无应力状态屈服。曲线要封闭，不封闭就说明有某一偏应力状态仍处在弹性状态，不屈服，这也是不可能的。

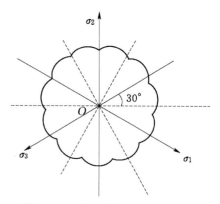

图 2.4　屈服面在 π 平面上投影

（2）屈服面与过某一点的直线只相交一次，不可能在另一状态下再屈服（指初始屈服）。

（3）在各向同性介质中 σ_1、σ_2、σ_3 可以互换。根据金属的性质，过原点作一直线与屈服面相交两点，由原点至这两点的距离相等。

（4）屈服面外突（见 2.4.4 节）。

常用的塑性准则有以下 4 个。

2.3.1　Tresca 准则

根据试验结果，认为最大剪应力达到某一数值时材料就发生屈服，即

$$\tau_{max} = \tau_0 \tag{2.14}$$

式中　　τ_0——材料的剪切屈服应力。

式（2.14）又可改写为

$$\sigma_{max} - \sigma_{min} = k \tag{2.15}$$

如果 σ_1、σ_2、σ_3 不按大小排列，在一般情况下，下列表示最大剪应力的 6 个条件中任何一个成立时，材料开始屈服，即

$$\left.\begin{array}{l} \sigma_1 - \sigma_2 = \pm\sigma_0 \\ \sigma_2 - \sigma_3 = \pm\sigma_0 \\ \sigma_3 - \sigma_1 = \pm\sigma_0 \end{array}\right\} \tag{2.16}$$

它表示 Tresca 准则是应力空间的六角形柱体。Tresca 准则中有两种情况：

（1）单向压缩时有

$$\sigma_1 = \sigma_0,\quad \sigma_2 = \sigma_3 = 0$$

则

$$k = \frac{\sigma_0}{2} \tag{2.17}$$

（2）纯剪切时有

$$\sigma_1 = -\sigma_3 = \tau_0,\quad \sigma_2 = 0$$

则

$$k = \tau_0 \tag{2.18}$$

因此在 Tresca 准则中，单向压缩与纯剪屈服值的关系为

$$\tau_0 = \frac{\sigma_0}{2} \tag{2.19}$$

2.3.2　Mises 准则

Mises 准则的形式是

$$(\sigma_1 - \sigma_2)^2 + (\sigma_2 - \sigma_3)^2 + (\sigma_3 - \sigma_1)^2 = 6k^2 \tag{2.20}$$

或

$$S_1^2 + S_2^2 + S_3^2 = 2k^2 \tag{2.21}$$

在应力空间中它是一个圆柱体，圆柱半径为 $\sqrt{2}k$。

Nadai 提出式（2.20）表示的正八面体剪应力达到某一数值，材料开始屈服。

也可以认为在压应力状态下，弹性畸变能到达某一数值时，材料开始屈服。总应变能为

$$W_T = \frac{1}{2E}[\sigma_1^2 + \sigma_2^2 + \sigma_3^2 - 2v(\sigma_1\sigma_2 + \sigma_2\sigma_3 + \sigma_3\sigma_1)] \tag{2.22}$$

体积应变能为

$$W_u = \frac{1-2v}{6E}[\sigma_1^2 + \sigma_2^2 + \sigma_3^2 + 2(\sigma_1\sigma_2 + \sigma_2\sigma_3 + \sigma_3\sigma_1)] \tag{2.23}$$

式（2.22）与式（2.23）之差即为畸变能，即

$$W_D = \frac{1+v}{6E}[(\sigma_1 - \sigma_2)^2 + (\sigma_2 - \sigma_3)^2 + (\sigma_3 - \sigma_1)^2] \tag{2.24}$$

可由式（2.20）和式（2.24）看出 Mises 准则与畸变能形式上相同，两者之间只是系数不同。在 Mises 准则中有：

（1）单向压缩时有

$$\sigma_1 = \sigma_0, \quad \sigma_3 = \sigma_2 = 0$$

则

$$k = \frac{\sigma_0}{\sqrt{3}} \tag{2.25}$$

（2）纯剪切时有

$$\sigma_1 = -\sigma_3 = \tau_0, \quad \sigma_2 = 0$$

则

$$k = \tau_0 \tag{2.26}$$

因此，在 Mises 准则中，单向压缩与纯剪屈服值的关系为

$$\tau_0 = \frac{\sigma_0}{\sqrt{3}} \tag{2.27}$$

在 π 平面（ $\sigma_1 + \sigma_2 + \sigma_3 = 0$ ）上，如果用单向应力试验确定常数，两屈服条件重合，则 Tresca 六边形内接于 Mises 圆。如采用纯剪切试验常数，两屈服条件重合，则 Tresca 六边形外切于 Mises 圆（图 2.5）。

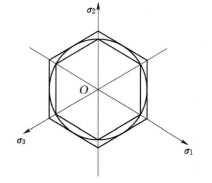

图 2.5　Mises 准则与 Tresca 准则

2.3.3　Mohr – Coulomb 准则

从岩石直剪试验知道，岩石的屈服准则与静水压力有关，即岩体的屈服准则应为

$$f(I_1, I_2, I_3) = 0 \tag{2.28}$$

岩土力学中最常用的 Mohr-Coulomb 准则为

$$\tau_n = C + \sigma_n \tan\varphi \tag{2.29}$$

上式也可以写成

$$\frac{\sigma_1 - \sigma_3}{2} = C\cos\varphi + \frac{\sigma_1 + \sigma_3}{2}\sin\varphi \tag{2.30}$$

或

$$\frac{1}{3}I_1\sin\varphi + \left(\cos\varphi - \frac{\sin^2\varphi}{\sqrt{3}}\right)J_2 - C\cos\varphi = 0 \tag{2.31}$$

其中

$$\varphi = \frac{1}{3}\sin^{-1}\left(-\frac{3\sqrt{3}}{2}\frac{J_2}{J_2^{3/2}}\right) \tag{2.32}$$

在应力空间中 Mohr - Coulomb 准则是一个不等边六边形锥体，锥体的顶点是（$C\cot\varphi$，$C\cot\varphi$，$C\cot\varphi$），见图 2.6。

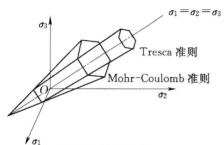
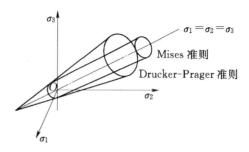

（a）Tresca 准则是正六边柱体，Mohr - Coulomb　　　　（b）Mises 准则是圆柱体．Drucker Prager
　　　准则是正六边锥体　　　　　　　　　　　　　　　　　　准则是圆锥体

图 2.6　屈服准则的几何表示

2.3.4　Drucker Prager 准则

由于式（2.31）应用不方便，Drucker Prager 建议了如下形式的塑性准则，即

$$f = \alpha I_1 + \sqrt{J_2} - k = 0 \tag{2.33}$$

其中

$$\alpha = \frac{\sqrt{3}\sin\varphi}{3\sqrt{3 + \sin^2\varphi}}, \quad k = \frac{\sqrt{3}C\cos\varphi}{\sqrt{3 + \sin^2\varphi}} \tag{2.34}$$

这个准则是 Mises 准则的推广，又称广义 Mises 准则，在应力空间中，它是一个圆锥体，当 $\alpha = 0$ 时，就是 Mises 圆柱体，如图 2.6（b）所示。

2.4　塑性流动（增量）理论

2.4.1　流动本构方程

进入塑性状态以后，应变不能由应力唯一来确定。外荷载变化时，应力也要变化，在应力空间中一点的应力状态也要移动，应力点的移动轨迹就叫应力路径，这一过程叫应力历史。相应的外荷载变化叫加载路径或加载历史。

一点进入塑性状态以后，应变中包含弹性应变 ε_{ij}^e 和塑性应变 ε_{ij}^p，即

$$\varepsilon_{ij} = \varepsilon_{ij}^e + \varepsilon_{ij}^p \tag{2.35}$$

弹性应变服从 Hooke 定律，卸载时也按 Hooke 定律，塑性应变在卸载后残留下来，再加载时再发生变化。

在平均正应力作用下，物体不产生塑性变形，只有弹性体积改变。塑性变形只由偏量应力引起，只有畸变没有体积变化，因此有

$$d\varepsilon_1^p + d\varepsilon_2^p + d\varepsilon_3^p = 0 \tag{2.36}$$

在单向应力条件下，$\sigma_2 = \sigma_3 = 0$，因此 $\sigma_m = \dfrac{\sigma_1}{3}$ 偏量应力为

$$S_1 = \frac{2}{3}\sigma_1, \ S_2 = S_3 = -\frac{1}{3}\sigma_1$$

即

$$S_1 = -2S_2 = -2S_3 \tag{2.37}$$

因为单向应力条件下 $d\varepsilon_2^p = d\varepsilon_3^p$，并由式（2.36）得

$$d\varepsilon_1^p = -2d\varepsilon_2^p = -2d\varepsilon_3^p \tag{2.38}$$

因此，得

或

$$\left.\begin{array}{l} \dfrac{d\varepsilon_1^p}{S_1} = \dfrac{d\varepsilon_2^p}{S_2} = \dfrac{d\varepsilon_3^p}{S_3} = d\lambda \\[2mm] d\varepsilon_{ij}^p = d\lambda S_{ij} \end{array}\right\} \tag{2.39}$$

在塑性变形过程中任一微小时间增量内，塑性应变增量与瞬时偏应力分量成正比。

由式（2.39）可以得到以下几个关系式：

$$\frac{d\varepsilon_1^p - d\varepsilon_2^p}{\sigma_1 - \sigma_2} = d\lambda \tag{2.40}$$

$$d\varepsilon_1^p = \frac{2}{3}d\lambda\left[\sigma_1 - \frac{1}{2}(\sigma_2 + \sigma_3)\right] \tag{2.41}$$

$$d\varepsilon_1^p = \frac{d\overline{\varepsilon}}{\overline{\sigma}}\left[\sigma_1 - \frac{1}{2}(\sigma_2 + \sigma_3)\right] \tag{2.42}$$

$$d\varepsilon_{ij}^p = \frac{3}{2}\frac{d\overline{\varepsilon}}{\overline{\sigma}}S_{ij} \tag{2.43}$$

其中

$$\overline{\sigma} = \frac{1}{\sqrt{2}}[(\sigma_1 - \sigma_2)^2 + (\sigma_2 - \sigma_3)^2 + (\sigma_3 - \sigma_1)^2]^{\frac{1}{2}}$$

$$d\overline{\varepsilon} = \frac{\sqrt{2}}{3}[(d\varepsilon_1^p - d\varepsilon_2^p)^2 + (d\varepsilon_2^p - d\varepsilon_3^p)^2 + (d\varepsilon_3^p - d\varepsilon_1^p)^2]^{\frac{1}{2}}$$

可以看出式（2.42）与 Hooke 定律相似，如在弹性 Hooke 定律中以 $\dfrac{1}{2}$ 代替 v，以 $\dfrac{\mathrm{d}\bar{\varepsilon}}{\bar{\sigma}}$ 代替 $\dfrac{1}{E}$，就得到塑性流动定律的本构方程。式（2.42）反映了塑性变形过程中的不可压缩性，塑性变形的非线性以及对加载途径的依赖等。

在式（2.43）中，把塑性应变增量换成总应变增量，就得到 Levy - Mises 方程，即

$$\mathrm{d}\varepsilon_{ij} = \frac{3\mathrm{d}\bar{\varepsilon}}{2\bar{\sigma}} S_{ij} \tag{2.44}$$

如考虑弹性应变，根据广义 Hooke 定律可以得到增量形式为

$$\left.\begin{array}{l} \mathrm{d}\varepsilon_1^e = \dfrac{1}{E}[\mathrm{d}\sigma_1 - v(\mathrm{d}\sigma_2 + \mathrm{d}\sigma_3)] \\ \vdots \end{array}\right\} \tag{2.45}$$

根据 $2G = \dfrac{\mathrm{d}S_{ij}}{\mathrm{d}\varepsilon_{ij}^e}$，并将式（2.45）表示成应力偏量增量形式，得

$$\mathrm{d}\varepsilon_{ij}^e = \frac{1}{2G}\mathrm{d}S_{ij} \tag{2.46}$$

由此得

$$\mathrm{d}\varepsilon_{ij} = \frac{1}{2G}\mathrm{d}S_{ij} + \mathrm{d}\lambda S_{ij} \tag{2.47}$$

这就是 Prandtl - Reuss 方程。

根据式（2.39）和式（2.43）可以知道

$$\mathrm{d}\lambda = \frac{3}{2}\frac{\mathrm{d}\bar{\varepsilon}}{\bar{\sigma}} \tag{2.48}$$

2.4.2 应变强化

加载、卸载的数学表示为

$f(\sigma_{ij}) < 0$，（弹性状态或卸载）（$\mathrm{d}\varepsilon_{ij}^e$）

$f(\sigma_{ij}) = 0$，（应力在屈服面上）（$\mathrm{d}\varepsilon_{ij}^e$）

$\dfrac{\partial f}{\partial \sigma_{ij}}\mathrm{d}\sigma_{ij} < 0$ （卸载）（$\mathrm{d}\varepsilon_{ij}^e$）

$\dfrac{\partial f}{\partial \sigma_{ij}}\mathrm{d}\sigma_{ij} = 0$ （在垂直于法线方向加载，即中性变载）（$\mathrm{d}\varepsilon_{ij}^e$）

$(n\mathrm{d}\sigma_{ij} = 0)$

$\dfrac{\partial f}{\partial \sigma_{ij}} > 0$ （卸载）（$\mathrm{d}\varepsilon_{ij}^e + \mathrm{d}\varepsilon_{ij}^p$）

中性变载是 $\mathrm{d}\sigma$ 正好沿屈服面变化，对应的应力状态从一个塑性状态过渡到另一个塑性状态（图 2.7）。理想塑性材料或单向应力状态没有中性变载。

在强化材料中屈服应力随着荷载提高与变形增大而增加，因此，屈服面随着加载而扩大。加载可以使屈服面膨胀，移动或改变形状。屈服面的变化称为加工强化（或软化）。如果屈服面只是改变大小，形状不变，称为等向强化；如果大小、形状都不变化，只是位置移动而不转动，就叫随动强化。

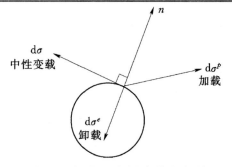

图 2.7　加载、中性变载与卸载

因为再加载时，屈服应力随着岩石的强化而增加，即

$$|\sigma| = \sigma_0 + H\left(\left|\mathrm{d}\varepsilon^p\right|\right) \tag{2.49}$$

不论 $\mathrm{d}\varepsilon$ 正负，无论在哪个方向，$|\sigma|$ 都在不断增加，函数 $H\left(\left|\mathrm{d}\varepsilon^p\right|\right)$ 是表征强化程度的参量，曲线 H 可由单轴试验确定。这时屈服面的一般表达式为

$$f(I_1, J_2, J_3, H) = 0 \tag{2.50}$$

H 可以是塑性能 W_p，即

$$H = W_p = \sigma_{ij}\mathrm{d}\varepsilon_{ij}^p \tag{2.51}$$

H 还可以用塑性应变增量 $\mathrm{d}\bar{\varepsilon}$ 表示。

屈服准则可以写为

$$f(I_1, J_2, J_3) = F\left(\int \bar{\sigma}\mathrm{d}\bar{\varepsilon}\right) \tag{2.52}$$

或

$$f(I_1, J_2, J_3) = H'\left(\int \mathrm{d}\bar{\varepsilon}\right) \tag{2.53}$$

只有屈服后满足以上两式时，才会产生新的屈服面，式（2.53）为等向强化的强化规律，由式（2.53）和

$$\mathrm{d}f = H'\mathrm{d}\bar{\varepsilon} \tag{2.54}$$

得

$$H' = \frac{\mathrm{d}f}{\mathrm{d}\bar{\varepsilon}} \tag{2.55}$$

根据

$$\bar{\sigma} = \frac{1}{\sqrt{2}}[(\sigma_1 - \sigma_2)^2 + (\sigma_2 - \sigma_3)^2 + (\sigma_3 - \sigma_1)^2]^{1/2}$$

及单向应力状态时 Mises 准则中

$$2\sigma_0^2 = (\sigma_1 - \sigma_2)^2 + (\sigma_2 - \sigma_3)^2 + (\sigma_3 - \sigma_1)^2$$

式（2.48）应为

$$\mathrm{d}\lambda = \frac{3\mathrm{d}f}{2\sigma_0 H'} \tag{2.56}$$

这时 Prandtl - Reuss 方程式（2.47）可表示成

$$\mathrm{d}\varepsilon_{ij} = \frac{1}{2G}\mathrm{d}S_{ij} + \frac{3\mathrm{d}f}{2\sigma_0 H'}S_{ij} \qquad (2.57)$$

这也就是强化材料的 Prandtl - Reuss 方程。

2.4.3 Drucker 假设

材料屈服极限在变形过程中是不断变化的，就应力应变曲线看，可能有三种情况，如图 2.8 所示。

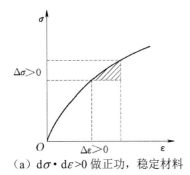

（a）$\mathrm{d}\sigma \cdot \mathrm{d}\varepsilon > 0$ 做正功，稳定材料

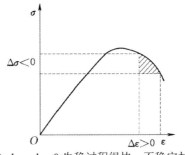

（b）$\mathrm{d}\sigma \cdot \mathrm{d}\varepsilon < 0$ 失稳过程很快，不稳定材料

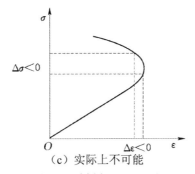

（c）实际上不可能

图 2.8 材料屈服以后

Drucker 假说：设有一个应力循环，初始应力 σ_{ij}^0 在加载曲面（屈服面）以内。然后，到达应力状态 σ_{ij}，σ_{ij} 在加载曲面上，如果继续加载到 $\sigma_{ij} + \Delta\sigma_{ij}$，这个过程（图 2.9）有塑性应变 ε_{ij}^p，最后应力状态回到 σ_{ij}^0，在整个过程中，如果所做的功不小于零（做正功），这种材料就是稳定材料。这是 1951 年 Drucker 提出来的，在塑性理论中十分重要。

在整个应力循环过程中所做的功为

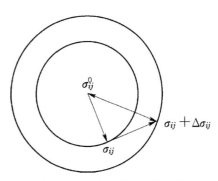

图 2.9 稳定材料加载过程

$$\Delta W_T = \int_0^t \sigma_{ij}\dot{\varepsilon}_{ij}\mathrm{d}t + \int_t^{t+\Delta t} \sigma_{ij}\dot{\varepsilon}_{ij}\mathrm{d}t$$

$$\uparrow \qquad\qquad \uparrow$$

$$(\text{由}\ \sigma_{ij}^0 \to \sigma_{ij})(\text{由}\ \sigma_{ij} \to \sigma_{ij}+\Delta\sigma_{ij})$$

$$+\int_{t+\Delta t}^{t^*} \sigma_{ij}\dot{\varepsilon}_{ij}\mathrm{d}t$$

$$\uparrow$$

$$(\text{由}\ \sigma_{ij}+\Delta\sigma_{ij} \to \Delta\sigma_{ij}^0) \tag{2.58}$$

因此

$$\Delta W_T = \int_0^T \sigma_{ij}\dot{\varepsilon}_{ij}^e\mathrm{d}t + \int_t^{t+\Delta t} \sigma_{ij}(\dot{\varepsilon}_{ij}^e + \dot{\varepsilon}_{ij}^p)\mathrm{d}t + \int_{t+\Delta t}^{t^*} \sigma_{ij}\dot{\varepsilon}_{ij}^e\mathrm{d}t \tag{2.59}$$

$$\Delta W_T = \oint \sigma_{ij}\dot{\varepsilon}_{ij}^e\mathrm{d}t + \int_t^{t+\Delta t} \sigma_{ij}\dot{\varepsilon}_{ij}^p\mathrm{d}t \tag{2.60}$$

$$\uparrow$$

（应力循环中的弹性功，必定等于零）

$$\Delta W_T = \int_t^{t+\Delta t} \sigma_{ij}\dot{\varepsilon}_{ij}^p\mathrm{d}t \tag{2.61}$$

因为起始状态不为零，是从 σ_{ij}^0 开始的，因此有

$$\Delta W_T - \Delta W_0 = \int_t^{t+\Delta t} (\sigma_{ij} - \sigma_{ij}^0)\dot{\varepsilon}_{ij}^p\mathrm{d}t \tag{2.62}$$

因而塑性功耗散率为

$$\lim_{\Delta t \to 0}\frac{\Delta W_T - \Delta W_0}{\Delta t} = \lim_{\Delta t \to 0}\frac{\int_t^{t+\Delta t} (\sigma_{ij} - \sigma_{ij}^0)\dot{\varepsilon}_{ij}^p\mathrm{d}t}{\Delta t} = (\sigma_{ij} - \sigma_{ij}^0)\dot{\varepsilon}_{ij}^p \tag{2.63}$$

该式为正，即

$$(\sigma_{ij} - \sigma_{ij}^0)\dot{\varepsilon}_{ij}^p \geqslant 0 \tag{2.64}$$

上式也可写作

$$\mathrm{d}\sigma_{ij}\mathrm{d}\varepsilon_{ij}^p \geqslant 0 \tag{2.65}$$

对于理想塑性材料，当起始应力点位于屈服面上时，则只可能有

$$\mathrm{d}\sigma_{ij}\mathrm{d}\varepsilon_{ij}^p = 0 \tag{2.66}$$

2.4.4　流动法则

在应力应变复合空间中,假定应力主轴与应变增量主轴重合,应力与应变增量都可以用矢量表示（图 2.10）。

式（2.64）应为

$$(\sigma_{ij} - \sigma_{ij}^0)\mathrm{d}\varepsilon_{ij}^p = \left|\overrightarrow{AB}\right|\left|\overrightarrow{\mathrm{d}\varepsilon_{ij}}\right|\cos\theta \geqslant 0 \tag{2.67}$$

式（2.67）限制了屈服面的形状，应力向量 $\overrightarrow{AB}$ 与塑性应变增量 $\overrightarrow{\mathrm{d}\varepsilon_{ij}}$ 之间的夹角不应大于 90°，若 $\theta > 90°$，式（2.67）为负，就不是

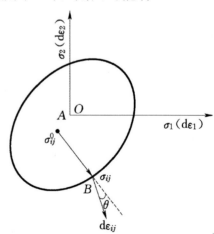

图 2.10　应变增量的方向

稳定材料，为使 θ 不是钝角一定要满足以下条件：

（1）屈服面是突的，屈服面在切线一侧。

（2）只有 $\mathrm{d}\varepsilon_{ij}^p$ 垂直于屈服面才能保证任何应力状态下有

$$\left|\overrightarrow{AB}\right|\left|\mathrm{d}\varepsilon_{ij}\right|\cos\theta \geqslant 0$$

这就决定了 $\mathrm{d}\varepsilon_{ij}^p$ 与屈服函数之间的关系是 $\mathrm{d}\varepsilon_{ij}^p$ 在屈服面的法线方向上。

$\mathrm{d}\varepsilon_{ij}^p$ 垂直于屈服面，相当于屈服面的梯度（乘一个系数），即

$$\mathrm{grad}\,u = \frac{\partial u}{\partial x}\vec{i} + \frac{\partial u}{\partial y}\vec{j} + \frac{\partial u}{\partial z}\vec{K}$$

因此得

$$\mathrm{d}\varepsilon_{ij}^p = \mathrm{d}\lambda\frac{\partial f}{\partial \sigma_{ij}} \tag{2.68}$$

$\mathrm{d}\lambda$ 是一个待定的标量因子，$\mathrm{d}\lambda \geqslant 0$。

式（2.68）规定了塑性应变增量的方向，它叫**流动法则**，也叫**正交定律**。

2.4.5 塑性位垫理论

在弹性理论中，有弹性函数 $U_0(\sigma_{ij})$，并有如下关系

$$\varepsilon_{ij}^e = \frac{\partial U_0(\sigma_{ij})}{\partial \sigma_{ij}} \tag{2.69}$$

即一点的应变状态由弹性势函数得到。在塑性阶段可以类似地引进一个塑性势函数 $g(\sigma_{ij})$，并从塑性势函数 $g(\sigma_{ij})$ 的偏导数导出塑性应变增量，即

$$\mathrm{d}\varepsilon_{ij}^p = \mathrm{d}\lambda\frac{\partial g}{\partial \sigma_{ij}} \tag{2.70}$$

如取 $g = f$，则 f 既作屈服函数，又作塑性势函数，则式（2.70）便可称为与屈服条件相关联的流动法则。由此，又可看出屈服条件与塑性应力应变关系有着直接的联系。

如果取 f 为 Mises 屈服函数，则

$$\frac{\partial f}{\partial \sigma_{ij}} = S_{ij} \tag{2.71}$$

由式（2.68）和式（2.71），便得到 Mises - Levv 流动理论，即

$$\mathrm{d}\varepsilon_{ij}^p = \mathrm{d}\lambda S_{ij} \tag{2.72}$$

再考虑弹性应变，便得 Prandtl- Reuse 方程，即

$$\mathrm{d}\varepsilon_{ij} = \mathrm{d}\varepsilon_{ij}^e + \mathrm{d}\varepsilon_{ij}^p = \frac{1}{2G}\mathrm{d}S_{ij} + \mathrm{d}\lambda S_{ij} \tag{2.73}$$

式（2.68）又称塑性势流动理论。由此可以看出，Mises Levy 理论的基本假定，Drucker 稳定材料假定，塑性势理论及屈服条件相关联流动法则，都具有重要联系。也说明了在 Mises Levy 理论中，塑性应变增量的偏量与应力偏量

成正比的正确性。

屈服函数的梯度 $\dfrac{\partial f}{\partial \sigma_{ij}}$ 为应力空间内屈服面上一点的矢量，并与该点外法线方向相同，外法线方向余弦之比为

$$\frac{\partial f}{\partial \sigma_1} : \frac{\partial f}{\partial \sigma_2} : \frac{\partial f}{\partial \sigma_3}$$

故有

$$\mathrm{d}\varepsilon_1^p : \mathrm{d}\varepsilon_2^p : \mathrm{d}\varepsilon_3^p = \frac{\partial f}{\partial \sigma_1} : \frac{\partial f}{\partial \sigma_2} : \frac{\partial f}{\partial \sigma_3} \tag{2.74}$$

并有

$$\mathrm{d}\varepsilon_1^p + \mathrm{d}\varepsilon_2^p + \mathrm{d}\varepsilon_3^p = \frac{\partial f}{\partial \sigma_1} + \frac{\partial f}{\partial \sigma_2} + \frac{\partial f}{\partial \sigma_3} = 0 \tag{2.75}$$

说明 Mises 屈服准则满足材料不可压缩条件。

塑性势函数 g 与屈服函数 f 重合，意味着屈服面上任一点只有唯一的外法线。但是采用 Tresca 屈服函数时，在角点（或交线）将出现外法线不唯一的情况（图 2.11）。

假定，棱边上的应变增量是两侧塑性应变增量的线性组合，即

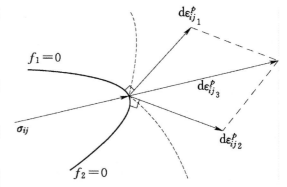

图 2.11　交线处外法线不唯一情况

$$\mathrm{d}\varepsilon_{ij}^p = \mathrm{d}C_1 \frac{\partial f_1}{\partial \sigma_{ij}} + \mathrm{d}C_2 \frac{\partial f_2}{\partial \sigma_{ij}} \tag{2.76}$$

式中　f_1、f_2——两侧的屈服函数；
　　　$\mathrm{d}C_1$、$\mathrm{d}C_2$——非负标量。

如果 $\mathrm{d}C_1$、$\mathrm{d}C_2$ 都不为零，则 $\mathrm{d}\varepsilon_{ij}^p$ 介于 f_1 和 f_2 两曲面的法线之间。

再讨论 Tresca 屈服面棱边塑性应变增量。屈服条件为（图 2.12）

$$\left.\begin{array}{l} f_1 = \sigma_2 - \sigma_3 - \sigma_0 = 0 \\ f_2 = \sigma_1 - \sigma_3 - \sigma_0 = 0 \\ f_3 = \sigma_1 - \sigma_2 - \sigma_0 = 0 \\ f_4 = \sigma_3 - \sigma_2 - \sigma_0 = 0 \\ f_5 = \sigma_3 - \sigma_1 - \sigma_0 = 0 \\ f_6 = \sigma_2 - \sigma_1 - \sigma_0 = 0 \end{array}\right\} \tag{2.77}$$

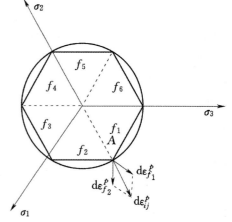

图 2.12　Tresca 屈服面棱边塑性应变增量

在 f_1 线上有

$$\frac{\partial f_1}{\partial \sigma_1} = 0, \frac{\partial f_2}{\partial \sigma_2} = 1, \frac{\partial f_3}{\partial \sigma_3} = -1$$

$$\mathrm{d}\varepsilon_1^p = 0, \quad \mathrm{d}\varepsilon_2^p = \mathrm{d}\lambda_1, \quad \mathrm{d}\varepsilon_3^p = -\mathrm{d}\lambda_1$$

上式符合体积不变假定。

在 f_2 线上有

$$\frac{\partial f_2}{\partial \sigma_1} = 1, \quad \frac{\partial f_2}{\partial \sigma_2} = 0, \quad \frac{\partial f_2}{\partial \sigma_3} = -1$$

$$\mathrm{d}\varepsilon_1^p = \mathrm{d}\lambda_2, \quad \mathrm{d}\varepsilon_2^p = 0, \quad \mathrm{d}\varepsilon_3^p = -\mathrm{d}\lambda_2$$

上式也满足体积不变假定。

在 A 点上有

$$\begin{aligned}
\mathrm{d}\varepsilon_{ij}^p &= \mathrm{d}\varepsilon_{f_1}^p + \mathrm{d}\varepsilon_{f_2}^p \\
\mathrm{d}\varepsilon_{ij}^p &= (0 + \mathrm{d}\lambda_1 j - \mathrm{d}\lambda_1 k) + (\mathrm{d}\lambda_2 i + 0 - \mathrm{d}\lambda_2 k) \\
&= \mathrm{d}\lambda_2 i + \mathrm{d}\lambda_1 j - (\mathrm{d}\lambda_1 + \mathrm{d}\lambda_2)k
\end{aligned} \qquad （2.78）$$

即

$$\mathrm{d}\varepsilon_1^p : \mathrm{d}\varepsilon_2^p : \mathrm{d}\varepsilon_3^p = \mathrm{d}\lambda_2 : \mathrm{d}\lambda_1 : (-\mathrm{d}\lambda_1 - \mathrm{d}\lambda_2) \qquad （2.79）$$

引进系数

$$v = \frac{\mathrm{d}\lambda_1}{\mathrm{d}\lambda_1 + \mathrm{d}\lambda_2}$$

则

$$\mathrm{d}\varepsilon_1^p : \mathrm{d}\varepsilon_2^p : \mathrm{d}\varepsilon_3^p = (1-v) : v : (-1) \qquad （2.80）$$

这就是与 Tresca 屈服条件相关联 A 点处的流动法则。

2.4.6 弹塑性模量矩阵

现在要建立弹塑性应力增量与应变增量的关系，这是有限元中常用的表示方法。

$$\mathrm{d}\{\varepsilon\} = \mathrm{d}\{\varepsilon\}^e + \mathrm{d}\{\varepsilon\}^p \qquad （2.81）$$

即

$$\mathrm{d}\{\varepsilon\} = [D]^{-1}\mathrm{d}\{\sigma\} + \frac{\partial g}{\partial\{\sigma\}}\mathrm{d}\lambda \qquad （2.82）$$

到达塑性极限时，应力在屈服面 $f(\{\sigma\}, H) = 0$ 上。对屈服函数微分，得

$$\frac{\partial f}{\partial \sigma_1}\mathrm{d}\sigma_1 + \frac{\partial f}{\partial \sigma_2}\mathrm{d}\sigma_2 + \cdots + \frac{\partial f}{\partial H}\mathrm{d}H = 0 \qquad （2.83）$$

式（2.83）又可写为

$$\left\{\frac{\partial f}{\partial\{\sigma\}}\right\}^{\mathrm{T}}\mathrm{d}\{\sigma\} + A\mathrm{d}\lambda = 0 \qquad （2.84）$$

式中

$$A = \frac{\partial f}{\partial H} \mathrm{d}H \frac{1}{\mathrm{d}\lambda} \qquad (2.85)$$

由式（2.82）和式（2.84）得

$$\mathrm{d}\{\sigma\} = [D]_{ep} \mathrm{d}\{\varepsilon\} \qquad (2.86)$$

其中弹塑性模量矩阵$[D]_{ep}$为

$$[D]_{ep} = [D] - \frac{[D]\left\{\dfrac{\partial g}{\partial \sigma}\right\}\left\{\dfrac{\partial f}{\partial \sigma}\right\}^{\mathrm{T}}[D]}{A + \left\{\dfrac{\partial f}{\partial \sigma}\right\}^{\mathrm{T}}[D]\left\{\dfrac{\partial g}{\partial \sigma}\right\}} \qquad (2.87)$$

对于相关联流动法则有

$$g = f$$

则

$$[D]_{ep} = [D] - \frac{[D]\left\{\dfrac{\partial f}{\partial \sigma}\right\}\left\{\dfrac{\partial f}{\partial \sigma}\right\}^{\mathrm{T}}[D]}{A + \left\{\dfrac{\partial f}{\partial \sigma}\right\}^{\mathrm{T}}[D]\left\{\dfrac{\partial f}{\partial \sigma}\right\}} \qquad (2.88)$$

A是硬化参数，对于无强化的理想塑性，$A = 0$。对于强化材料，A有各种表示方法。H可以用单位体积塑性功表示，即

$$\mathrm{d}H = \{\sigma\}^{\mathrm{T}}\{\mathrm{d}\varepsilon\}^{p} \qquad (2.89)$$

将流动法则代入式（2.89），得

$$\mathrm{d}H = \{\sigma\}^{\mathrm{T}}\mathrm{d}\lambda\frac{\partial g}{\partial\{\sigma\}} \qquad (2.90)$$

则

$$A = \frac{\partial f}{\partial H}\{\sigma\}^{\mathrm{T}}\frac{\partial g}{\partial\{\sigma\}} \qquad (2.91)$$

式（2.87）又可写为

$$[D]_{ep} = [D] - \frac{G[X]}{\dfrac{A}{G} + \varPhi} \qquad (2.92)$$

令

$$G = 弹性剪切模量$$
$$K = 弹性体积模量$$
$$\left.\begin{array}{l}\alpha = K/G + 4/3 \\ \beta = K/G - 2/3\end{array}\right\} \qquad (2.93)$$

$$\left.\begin{array}{l}\alpha_1 = \alpha\dfrac{\partial g}{\partial \sigma_x} + \beta\dfrac{\partial g}{\partial \sigma_y} + \beta\dfrac{\partial g}{\partial \sigma_z} \\[3mm] \alpha_2 = \beta\dfrac{\partial g}{\partial \sigma_x} + \alpha\dfrac{\partial g}{\partial \sigma_y} + \beta\dfrac{\partial g}{\partial \sigma_z} \\[3mm] \alpha_3 = \beta\dfrac{\partial g}{\partial \sigma_x} + \beta\dfrac{\partial g}{\partial \sigma_y} + \alpha\dfrac{\partial g}{\partial \sigma_z} \\[3mm] \alpha_4 = \dfrac{\partial g}{\partial \tau_{xy}} \\[3mm] \alpha_5 = \dfrac{\partial g}{\partial \tau_{yz}} \\[3mm] \alpha_6 = \dfrac{\partial g}{\partial \tau_{zx}}\end{array}\right\} \tag{2.94}$$

$$\left.\begin{array}{l}\lambda_1 = \alpha\dfrac{\partial f}{\partial \sigma_x} + \beta\dfrac{\partial f}{\partial \sigma_y} + \beta\dfrac{\partial f}{\partial \sigma_z} \\[3mm] \lambda_2 = \beta\dfrac{\partial f}{\partial \sigma_x} + \alpha\dfrac{\partial f}{\partial \sigma_y} + \beta\dfrac{\partial f}{\partial \sigma_z} \\[3mm] \lambda_3 = \beta\dfrac{\partial f}{\partial \sigma_x} + \beta\dfrac{\partial f}{\partial \sigma_y} + \alpha\dfrac{\partial f}{\partial \sigma_z} \\[3mm] \lambda_4 = \dfrac{\partial f}{\partial \tau_{xy}} \\[3mm] \lambda_5 = \dfrac{\partial f}{\partial \tau_{yz}} \\[3mm] \lambda_6 = \dfrac{\partial f}{\partial \tau_{zx}}\end{array}\right\} \tag{2.95}$$

当 $g = f$ 时，

$$\{\alpha\} = \{\lambda\} \tag{2.96}$$

1．三维情况

式（2.92）中的 $[D]$、Φ 及 $[X]$ 分别为

$$[D] = G\begin{bmatrix} \alpha & & & & & \\ \beta & \alpha & & \text{对} & & \text{称} \\ \beta & \beta & \alpha & & & \\ 0 & 0 & 0 & 1 & & \\ 0 & 0 & 0 & 0 & 1 & \\ 0 & 0 & 0 & 0 & 0 & 1 \end{bmatrix} \tag{2.97}$$

$$\Phi = \alpha_1\frac{\partial f}{\partial \sigma_x} + \alpha_2\frac{\partial f}{\partial \sigma_y} + \alpha_3\frac{\partial f}{\partial \sigma_z} + \alpha_4\frac{\partial f}{\partial \tau_{xy}} + \alpha_5\frac{\partial f}{\partial \tau_{yz}} + \alpha_6\frac{\partial f}{\partial \tau_{xz}}$$

或

$$\varPhi = \lambda_1 \frac{\partial g}{\partial \sigma_x} + \lambda_2 \frac{\partial g}{\partial \sigma_y} + \lambda_3 \frac{\partial g}{\partial \sigma_z} + \lambda_4 \frac{\partial g}{\partial \tau_{xy}} + \lambda_5 \frac{\partial g}{\partial \tau_{yz}} + \lambda_6 \frac{\partial g}{\partial \tau_{xz}}$$

$$[X] = \begin{bmatrix} \alpha_1\lambda_1 & \alpha_1\lambda_2 & \alpha_1\lambda_3 & \alpha_1\lambda_4 & \alpha_1\lambda_5 & \alpha_1\lambda_6 \\ \alpha_2\lambda_1 & \alpha_2\lambda_2 & \alpha_2\lambda_3 & \alpha_2\lambda_4 & \alpha_2\lambda_5 & \alpha_2\lambda_6 \\ \alpha_3\lambda_1 & \alpha_3\lambda_2 & \alpha_3\lambda_3 & \alpha_3\lambda_4 & \alpha_3\lambda_5 & \alpha_3\lambda_6 \\ \alpha_4\lambda_1 & \alpha_4\lambda_2 & \alpha_4\lambda_3 & \alpha_4\lambda_4 & \alpha_4\lambda_5 & \alpha_4\lambda_6 \\ \alpha_5\lambda_1 & \alpha_5\lambda_2 & \alpha_5\lambda_3 & \alpha_5\lambda_4 & \alpha_5\lambda_5 & \alpha_5\lambda_6 \\ \alpha_6\lambda_1 & \alpha_6\lambda_2 & \alpha_6\lambda_3 & \alpha_6\lambda_4 & \alpha_6\lambda_5 & \alpha_6\lambda_6 \end{bmatrix} \tag{2.98}$$

2. 平面应变

假定

$$\mathrm{d}\varepsilon_2 = \mathrm{d}\gamma_{yz} = \mathrm{d}\gamma_{zr} = 0$$

$$[D] = G \begin{bmatrix} \alpha & \beta & 0 \\ \beta & \alpha & 0 \\ \beta & \beta & 0 \\ 0 & 0 & 1 \end{bmatrix} \tag{2.99}$$

$$\begin{aligned} \varPhi &= \alpha_1 \frac{\partial f}{\partial \sigma_x} + \alpha_2 \frac{\partial f}{\partial \sigma_y} + \alpha_3 \frac{\partial f}{\partial \sigma_z} + \alpha_4 \frac{\partial f}{\partial \tau_{xy}} \\ &= \lambda_1 \frac{\partial g}{\partial \sigma_x} + \lambda_2 \frac{\partial g}{\partial \sigma_y} + \lambda_3 \frac{\partial g}{\partial \sigma_z} + \lambda_4 \frac{\partial g}{\partial \tau_{xy}} \end{aligned} \tag{2.100}$$

$$[X] = \begin{bmatrix} \alpha_1\lambda_1 & \alpha_1\lambda_2 & \alpha_1\lambda_4 \\ \alpha_2\lambda_1 & \alpha_2\lambda_2 & \alpha_2\lambda_4 \\ \alpha_3\lambda_1 & \alpha_3\lambda_2 & \alpha_3\lambda_4 \\ \alpha_4\lambda_1 & \alpha_4\lambda_2 & \alpha_4\lambda_4 \end{bmatrix} \tag{2.101}$$

参考文献

[1]　王仁，熊祝华，黄文彬. 塑性力学基础. 北京：科学出版社，1982.

[2]　徐秉业，陈森灿. 塑性理论简明教程. 北京：清华大学出版社，1981.

[3]　杨桂通. 弹塑性力学. 北京：人民教育出版社，1980.

[4]　黄文熙. 硬化规律对土的弹塑性应力应变模型影响的研究. 岩土工程学报，1980，2（1）：1-11.

第 3 章　岩体强度理论

3.1　引言

岩体力学中，强度理论很重要，坝基、地下工程中的围岩、边坡等的稳定分析，都涉及岩体的强度准则。

岩体工程稳定分析，涉及包含各种成因、形态的不连续面的强度问题。无疑，这是一个相当复杂的问题，困难在于这种复杂体系介质内部不连续面的随机性。目前还没有成功的力学试验成果以及描述它的力学体系。

因此，在工程实践中，往往直接应用岩石的强度准则，而在反映强度的参数上适当降低。或者对于岩体中较大的不连续面（断层、层面、软弱夹层等）另外用一个强度准则。在数值计算进行岩体应力分析时，这不失为一种现实可行的办法。

在岩石块体，不连续面以及包含不连续面的岩体这三者的强度理论中，岩石块体的强度理论是基础性的，并且它又与经典强度理论直接相关，对它的研究具有理论和实践意义。

岩石块体的强度理论也并不完善，还需要做大量工作。但是，小块体的岩石毕竟均质性较好，而且已经发表的试验成果也较多（当然还不能认为足够多，因 $\sigma_1 \neq \sigma_2 \neq \sigma_3$ 的破坏试验，成果还发表得不多）。这是研究岩石强度理论的有利条件。

岩体的强度理论大致由以下三条途径建立（或被承认）。

（1）从塑性理论派生的（这是指从力学观点来看，不是指研究的先后顺序）。前面已经提到应变强化介质如果是等向强化，则强化过程中的加载面（后续屈服面）直到最终的破坏面与初始屈服面是相似的。于是 Mises、Tresca、Mohr-Coulomb、Drucker-Prager 等塑性准则顺理成章都可以作为强度准则。

（2）直接从试验结果建立的，如 Mohr 强度准则，做得较多的是单向抗压试验，见图 3.1，即

$$\sigma_1 = C_0 \tag{3.1}$$

单向抗拉试验见图 3.1，即

$$\sigma_3 = -T_0 \tag{3.2}$$

以及等围压三轴剪切试验，见图 3.1，即

$$\sigma_2 = \sigma_3 \neq \sigma_1 \qquad (3.3)$$

（3）脆性破坏理论。岩石的应力应变关系仍在线性范围，岩石突然破坏，主要是岩石内部局部应力集中，造成超过局部强度而破裂。岩石中包含各种矿物、孔隙。微细裂纹，它们形状各异，大小不等，杂乱排列，在外力作用下产生端部应力集中。如果外力是拉应力，则因应力集中开始破裂后，岩石一破到底；如果外力是压力，缝端应力集中比较复杂，破裂总是在扁孔周边拉应力超过某一临界值处开始，但是裂缝传播一定长度后就不继续发展了，这就是稳定破裂。

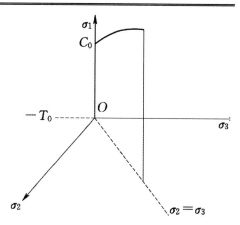

图 3.1 单向抗压、单向抗拉及三轴剪切试验的应力状态岩石试验

Griffith 理论就是研究岩石内部开始产生破裂的理论。

3.2 Mises 强度理论

Mises 强度准则和塑性准则的数学形式相同，即

$$(\sigma_1 - \sigma_2)^2 + (\sigma_2 - \sigma_3)^2 + (\sigma_3 - \sigma_1)^2 = \sigma k^2 \qquad (3.4)$$

式（3.4）又可以写为

$$(\sigma_1 - \sigma_2)^2 + (\sigma_2 - \sigma_3)^2 + (\sigma_3 - \sigma_1)^2 = 2\sigma_0^2 \qquad (3.5)$$

式中 σ_0——单向抗压强度。

当 $\sigma_2 = \sigma_3$ 时，由式（3.5）得

$$\sigma_1 - \sigma_3 = \sigma_0 \qquad (3.6)$$

这就是 Tresca 准则，即 Tresca 准则是当 $\sigma_2 = \sigma_3$ 时，Mises 准则的一个特例。

对于 Tresca 准则，岩石沿最大剪应力面破坏，其最大剪应力面与最大主应力方向成 45° 交角（图 3.2）。

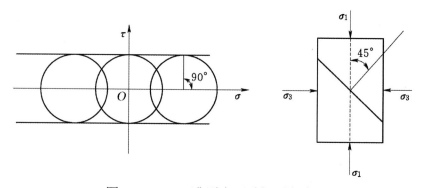

图 3.2 Tresca 准则岩石破坏面角度

岩石的破坏理论比塑性理论多一个检验信息，就是根据岩石试验样品的破坏机制检验。因为 Tresca 准则预测岩石的破坏面与 σ_1 成45°，与实际情况不符，实际情况是破坏面与主应力 σ_1 成一个小于45°的夹角。

3.3 Coulomb–Navier 强度理论

Coulomb-Navier 准则与 Mises 和 Tresca 准则不同的是，认为岩石破坏时，不仅取决于破坏面上的剪应力，而且与正应力有关，即当某一平面上剪应力达到极限值，即

$$\tau = S_0 + f\sigma \tag{3.7}$$

或

$$\tau - f\sigma = S_0 \tag{3.8}$$

此时岩石沿该平面破坏（图3.3）。

因为式（3.7）是破坏准则，是最终的屈服面，因此，与加载过程的应力应变关系无关，对于理想塑性介质（屈服极限就是破坏极限），应变强化介质（只要后继屈服面保持与初始屈服面相似）或脆性破坏都适用。

根据

$$\sigma = \frac{\sigma_1 + \sigma_2}{2} + \frac{\sigma_1 - \sigma_3}{2}\cos 2\beta$$

$$\tau = \frac{\sigma_1 - \sigma_2}{2}\sin 2\beta \tag{3.9}$$

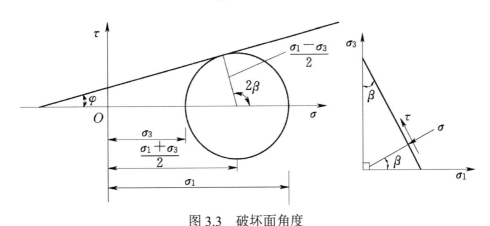

图 3.3 破坏面角度

式（3.9）写成

$$\tau - f\sigma = \frac{1}{2}(\sigma_1 - \sigma_3)(\sin 2\beta - f\cos 2\beta) - \frac{1}{2}f(\sigma_1 + \sigma_3) \tag{3.10}$$

由 $\dfrac{\mathrm{d}S_0}{\mathrm{d}\beta} = 0$

得

$$\tan 2\beta = -\frac{1}{f}$$ （3.11）

即

$$f = -\cot 2\beta$$ （3.12）

根据内摩擦的定义有

$$-\cot 2\beta = f = \tan\varphi$$ （3.13）

又因为

$$\tan\varphi = \tan\left(2\beta - \frac{\pi}{2}\right)$$

得内摩擦角 φ 与破坏面法线之间的关系

$$\beta = \frac{\pi}{4} + \frac{\varphi}{2}$$ （3.14）

$$\frac{\pi}{2} \leqslant 2\beta \leqslant \pi$$ （3.15）

即破坏面与 σ_1 的交角在 0°~45° 范围内（图 3.4）。

再根据

$$\left.\begin{array}{l}\sin 2\beta = (f^2 + 1)^{-1/2} \\ \cos 2\beta = f(f^2 + 1)^{-1/2}\end{array}\right\}$$ （3.16）

将式（3.16）代入式（3.10）和式（3.8）得

$$\frac{1}{2}(\sigma_1 - \sigma_3)(f^2 + 1)^{1/2} - \frac{1}{2}f(\sigma_1 + \sigma_3) = S_0$$ （3.17）

式（3.17）又可写成

$$\sigma_1[(f^2 + 1)^{1/2} - f] - \sigma_3[(f^2 + 1)^{1/2} + f] = 2S_0$$ （3.18）

这是 Coulomb-Navier 破坏理论的另一种形式。

纯压缩时有

$$\sigma_1 = C_0, \quad \sigma_3 = 0$$

$$C_0[(f^2 + 1)^{1/2} - f] = 2S_0$$ （3.19）

纯拉伸时有

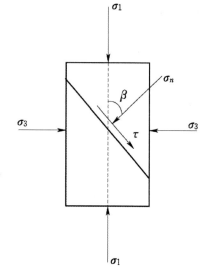

图 3.4　剪切破坏面上应力状态

$$\sigma_1 = 0, \quad \sigma_3 = -T_0$$

$$T_0[f + (f^2 + 1)^{1/2}] = 2S_0$$ （3.20）

由式（3.19）和式（3.20）得

$$\frac{C_0}{T_0} = \frac{(f^2 + 1)^{1/2} + f}{(f^2 + 1)^{1/2} - f}$$ （3.21）

如果 $f = 1$，则 $C_0 / T_0 = 5.8$。根据岩石试验资料 $C_0 / T_0 \rightarrow 20 \sim 30$。因此，

Coulomb-Navier 理论还有一段距离。

又因

$$\tan 2\beta = \frac{1}{f}$$

$$f = 0, \beta = 45°$$

$$f = 1, \beta = 67.5°$$

$$f = \infty, \beta = 90°$$

岩石 $f = 0$ 和 $f = \infty$ 是不可能的，因此，破坏面与 σ_1 的交角总是小于45°，从这里可以看到 Coulomb-Navier 理论比 Mises 理论，Tresca 理论接近实际情况。

Brace 和茂木清夫（Mogi）用三轴试验得到的结果，表明低围压时 $\tau = f(\sigma)$ 呈线性，与 Coulomb-Navier 理论一致。

3.4 Mohr 强度理论

认为岩石破坏面上的剪应力是正应力的函数，或者最大拉应力到达极限抗拉强度 T_0 时岩石破坏，即

$$\tau = f(\sigma_n) \tag{3.22}$$

或者

$$\sigma_3 = -T_0 \tag{3.23}$$

它们分别由一系列压、剪、三轴剪切试验和拉伸试验得到，其三者试验包络线见图3.5。

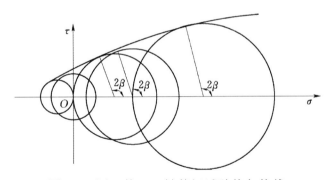

图3.5 压、剪、三轴剪切试验值包络线

一系列试验值的包络线就是 Mohr 强度准则。这些试验中，除拉伸试验之外，全是剪切型破坏的，单向抗压也是作为（$\sigma_1 - 0$）的剪切型。实际上岩石单向抗压试验破坏机制十分复杂，千变万化，很少得到一个单一的剪切面，因此，单向抗压试验成果的分散程度较大。

3.5 Griffith 强度理论

Griffith 理论的基本假定是：脆性材料中充满了狭长尖锐的裂缝，有时称之为 Griffith 裂缝，它们在局部改变了材料中的应力，甚至在所加的力完全是压应力时，也会在裂缝面上某些点产生拉应力，促使裂缝扩展，以致造成宏观断裂。裂缝的扩展是由于缝端应力集中造成的，而应力集中又取决于缝的方向、长度、缝端的曲率半径，因此，在众多裂缝中，扩展先后不一。

对于无限远处均匀的主应力 σ_1、σ_3 所确定的双向应力场，一薄板中有一狭长的椭圆孔，孔所在单元受到的法向应力和剪应力为（图 3.6）

$$\left.\begin{aligned} \sigma_x &= \frac{1}{2}[(\sigma_1 + \sigma_3) - (\sigma_1 - \sigma_3)]\cos 2\psi \\ \tau_{xy} &= \frac{1}{2}[(\sigma_1 - \sigma_3)\sin 2\psi] \end{aligned}\right\} \tag{3.24}$$

坐标变换

$$x = C\sinh\xi\sin\eta$$
$$y = C\cosh\xi\cos\eta$$

缝边缘之切向应力为

$$\sigma_\eta = \frac{\sigma_n(\sinh 2\xi_0 + \mathrm{e}^{2\xi_0}\cos 2\eta - 1) + 2\tau_{xy}\mathrm{e}^{2\xi_0}\sin 2\eta}{\cosh 2\xi_0 - \cos 2\eta} \tag{3.25}$$

ξ_0 为缝边缘椭圆坐标 ξ 之值。由于 ξ_0 小，缝端 η 值也小。式（3.25）展开成级数后，分子中二阶以上的项可以忽略，简化后得式（3.26）（只适用于缝端），即

$$\sigma_\eta = 2(\sigma_x\xi_0 + \tau_{xy}\eta)/(\xi_0^2 + \eta^2) \tag{3.26}$$

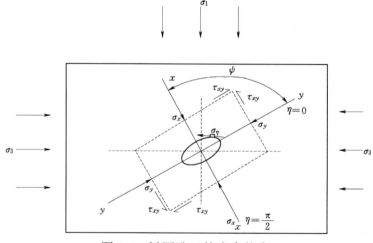

图 3.6 椭圆孔口的应力状态

令 $\dfrac{\partial \sigma_n}{\partial \eta} = 0$，得 η 的二次方程，由它可得缝边最大、最小应力的位置，将这些 η 值代入式（3.26），得

$$\sigma_N \xi_0 = \sigma_x \pm (\sigma_x^2 + \tau_{xy}^2)^{\frac{1}{2}} \qquad (3.27)$$

式中　σ_N——椭圆孔边上切向应力 σ_n 以之最大值、最小值。

将式（3.27）以主应力 σ_1、σ_3 表示，即

$$\sigma_N \xi_0 = \frac{1}{2}[(\sigma_1 + \sigma_3) - (\sigma_1 - \sigma_3)\cos 2\psi \pm$$
$$\left\{ \frac{1}{2}[(\sigma_1^2 + \sigma_3^2) - (\sigma_1^2 - \sigma_3^2)\cos 2\psi] \right\}^{1/2} \qquad (3.28)$$

对式（3.28）中 ψ 微分，并令 $\dfrac{\partial \sigma_N}{\partial \varphi} = 0$，可得临界裂缝（即在它的缝端附近产生最大、最小应力）的方向 ψ_0，即

$$\cos 2\psi_0 = \frac{\sigma_1 - \sigma_3}{2(\sigma_1 + \sigma_3)} \qquad (3.29)$$

式（3.29）只是在 $|\cos 2\psi_0| < 1$ 时存在，这要求 $\sigma_3/\sigma_1 \geqslant -0.33$，$\sigma_3/\sigma_1$ 小于此值时的临界裂缝方向需要另行考虑。

把式（3.29）的 $\cos 2\psi_0$ 代替式（3.28）中的 $\cos 2\psi$，得到临界裂缝端部的最大、最小应力。破裂是由缝端的拉应力产生的，也就是在最小值（负应力）时产生，得

$$\sigma_0 \xi_0 = -(\sigma_1 - \sigma_3)^2 / 4(\sigma_1 + \sigma_3) \qquad (3.30)$$

式中　σ_0——椭圆缝边切向应力的最小值（代数最小值）。

如果缝端最大拉应力等于材料的分子内聚强度，则脆性材料断裂开始，那么式（3.30）就是 $\sigma_3/\sigma_1 \geqslant -0.33$ 条件下的脆性破裂准则。

分子强度 σ_0 和裂缝几何 ξ_0 不能用物理方法直接测量，但二者的乘积可用单轴抗拉强度表示，但单轴拉伸试验 $\sigma_3 < 0$，$\sigma_1 = 0$，$\sigma_3/\sigma_1 = -\infty$，式（3.29）和式（3.30）两式不能用，必须由式（3.28）得到 $\sigma_0 \xi_0$ 与 σ_t（单向抗拉强度）之间的关系。单向拉伸时，式（3.28）应为

$$\sigma_\eta \xi_0 = \sigma_3 \left\{ \frac{1}{2}(1 + \cos 2\psi) \pm \left[\frac{1}{2}(1 + \cos 2\psi) \right]^{1/2} \right\} \qquad (3.31)$$

当 $\cos 2\psi = 1$ 时，缝端产生最大拉应力，即

$$\sigma_0 \xi_0 = 2\sigma_3, \quad (\sigma_1 = 0, \ \psi = 0) \qquad (3.32)$$

如果最小主应力 σ_3 为拉应力，式（3.32）就是分子凝聚强度 σ_0 和裂缝几何所表示的单轴拉应力破坏准则，因为 $\sigma_3 = -T_0$，式（3.32）可写成

$$\sigma_0 \xi_0 = -2T_0 \qquad (3.33)$$

式（3.30）就变成如下形式，即

$$\frac{(\sigma_1 - \sigma_3)^2}{(\sigma_1 + \sigma_3)} = 8T_0 \tag{3.34}$$

这就是单轴抗拉强度表示的 Griffith 断裂准则，只适用于 $\sigma_3 / \sigma_1 \geqslant -0.33$ 情况。

如果 $\dfrac{\sigma_3}{\sigma_1} < -0.33$，则当最小主应力等于单向抗拉强度 T_0 时，即 $\sigma_3 = -T_0$ 时，发生破裂，在这种情况下 $\psi = 0$。

最后，把 Griffith 强度准则写成如下形式为

如果 $\sigma_1 + 3\sigma_3 > 0$，则

$$(\sigma_1 - \sigma_3)^2 = 8T_0(\sigma_1 + \sigma_3) \tag{3.35}$$

如果 $\sigma_1 + 3\sigma_3 < 0$，则

$$\sigma_3 = -T_0 \tag{3.36}$$

式（3.29）和式（3.34）所表示的断裂准则，可以用抛物线形的 Mohr 包线表示，即

$$\tau^2 = 4T_0(T_0 - \sigma) \tag{3.37}$$

式中 τ、σ——断裂面上的剪应力、正应力。

McClintock 和 Walsh 对 Griffith 理论加以修正，他们认为在压应力作用下，缝端拉应力达到岩石破裂前，裂缝受压闭合，在裂缝面上产生摩擦力，只有克服这个摩擦力才能使裂缝扩展。断裂的条件为

$$\sigma_1[(1+\mu^2)^{1/2} - \mu] - \sigma_3[(1+\mu^2)^{1/2} + \mu] = 4T_0\left(1 + \frac{\sigma_c}{T_0}\right)^{1/2} - 2\mu\sigma_c \tag{3.38}$$

与前面的 f 不同，μ 是裂缝面的摩擦系数，σ_c 是垂直于裂缝并使它闭合之应力。Brace 认为 σ_c 很小，可以略去，则式（3.38）变为

$$\sigma_1[(1+\mu^2)^{1/2} - \mu] - \sigma_3[(1+\mu^2)^{1/2} + \mu] = 4T_0 \tag{3.39}$$

闭合裂缝的临界方向由以下关系确定，即

$$\tan 2\psi_c = \frac{1}{\mu} \tag{3.40}$$

式（3.39）和式（3.40）只有在裂缝面上的正应力 σ_n 为压应力时才能用，即

$$\sigma_n = \frac{1}{2}[(\sigma_1 + \sigma_3) - (\sigma_1 - \sigma_3)\cos 2\psi] > 0 \tag{3.41}$$

σ_n 为拉应力时，式（3.29）、式（3.34）适用。

修正后的 Griffith 理论可用直线型 Mohr 包线表示为

$$\tau = \mu\sigma - 2T_0 \tag{3.42}$$

因为式（3.39）可以写为

$$\sigma_1 = \sigma_3 \frac{(1+\mu^2)^{1/2} + \mu}{(1+\mu^2)^{1/2} - \mu} + \frac{4T_0}{(1+\mu^2)^{1/2} - \mu} \tag{3.43}$$

如令

$$\sin\varphi = \frac{\mu}{(1+\mu^2)^{1/2}}, \quad \tan\varphi = \mu, \quad C = 2T_0 = \tau \tag{3.44}$$

则直线型 Mohr 包线又可以写为

$$\sigma_1 = \sigma_3 \frac{1+\sin\varphi}{1-\sin\varphi} + 2C\frac{\cos\varphi}{1-\sin\varphi} \tag{3.45}$$

根据式（3.35），单向抗压试验 $\sigma_1 = C_0$，$\sigma_3 = 0$，则 $C_0/T_0 = 8$。由式（3.34），当 $\mu = 0.5 \sim 1$ 时，$C_0/T_0 = 10 \sim 12$。

现在比较几种理论的 C_0/T_0 比值，见表 3.1。

表 3.1　几种理论的 C_0/T_0 值

理论	参数	C_0/T_0 值
Coulomb-Navier	$f = 1$	$C_0/T_0 = 5.8$
Criffith		$C_0/T_0 = 8$
修正 Criffith	$\mu = 0.5 \sim 1$	$C_0/T_0 = 10 \sim 12$

修正的 Griffith 理论比较接近 C_0/T_0 的试验值。

在压应力作用下，Griffith 准则只是开裂准则，不是破坏准则，岩石开裂到破坏还要有一个过程。压应力作用下破坏不是破裂的直接扩展，岩石破坏比内部产生破裂的压应力要大得多。

压应力作用下，内部开裂之后，将趋于稳定。继续增加外力，另外一些裂缝将会开展。且裂缝开展的方向与原来的裂缝成一个大角度，从试验中发现，最后延伸方向接近 σ_1 方向。

3.6　压应力作用下岩石脆性破坏

在 σ_1、σ_3 都是压应力的情况下，裂缝开展有限长度后就趋于稳定。要想弄清楚岩石的破坏问题，必须弄清楚上述稳定破裂进一步发展的条件，以及其他某种破坏形式的产生条件。

Hoek 和 Bieniawski 的试验表明，当含有上述裂缝带上由于剪应力达到某一数值开始发生剪切运动时，上述裂缝再度开展。剪切运动的起始条件为

$$\tau = S_0 + f\sigma_n \tag{3.45}$$

即 Coulomb-Navier 准则，这里 f 是包含某些裂缝的带上岩石内部的摩擦系数。

这个剪切破坏面与最大主应力成 β 角，见图 3.7（a）。

同前有

$$\tan 2\beta = -\frac{1}{f} \tag{3.46}$$

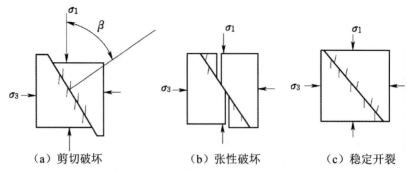

（a）剪切破坏　　　　　　　（b）张性破坏　　　　　　　（c）稳定开裂

图 3.7　裂缝剪切破坏的可能形态

由于剪切面附近先前存在的平行最大主应力方向的裂缝，或者其他不均匀性的影响，平行最大主应力方向的裂缝进一步开展，引起垂直张性破坏，如图 3.7（b）所示。

还有一种可能是由于压应力场变化，或者由于剪切破裂带上岩石局部性质变化，形成如图 3.7（c）所示的稳定裂缝。必须加大压力 σ_1，才能使它进一步开展。

3.7　脆性岩石破坏准则

对于含有大量方向杂乱、大小和形状相类似的裂缝的岩石，宏观上又较均质、不呈现各向异性，且其抗压强度又大于抗拉强度约 10 倍。当然，这只是一种理想脆性岩石。

这种理想脆性岩石最简单的张性破坏发生在与最小主应力 σ_3 垂直方向，当 $\sigma_3 = -T_0$。时 $\psi = 0°$ 方向裂缝沿其端点破坏（图 3.8），即纯张性破坏发生在 $\sigma_1 + 3\sigma_3 < 0$ 条件下。在 Mohr 包络线与正应力轴（$\tau = 0$）的交点处，Mohr 圆的曲率半径为 $2T_0$。

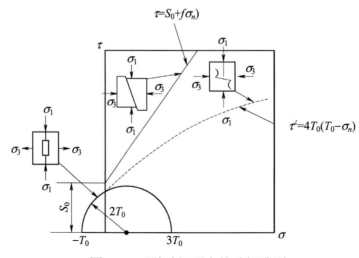

图 3.8　三种破坏形态的破坏准则

由于岩石的破坏也可能是剪切破坏，在剪切带开始错动时，有的裂缝开展，但呈稳定裂缝[图 3.7（c）]，描述这种裂缝破裂的准则就是式（3.37），即

$$\tau^2 = 4T_0(T_0 - \sigma) \tag{3.47}$$

如上节所述，岩石还可能呈张性或剪切破坏，张性破坏是剪切所引起的，因此，其破坏准则为

$$\tau = S_0 + f\sigma_n \tag{3.48}$$

式（3.47）是理想脆性岩石开始破裂的准则。式（3.48）是理想脆性岩石的破坏准则。介于二者之间的其他破坏形式和反映它的准则，尚不清楚，也就是说理想脆性岩石的破裂到破坏的发展过程还不清楚。与塑性状态不同，脆性岩石从破裂（相当于塑性状态中的初始屈服面）到破坏（相当于塑性状中的极限加载面）过程中没有对应的、相似的后继屈服面。

参考文献

[1] Hoek E，Bieniawski Z T. Brittle fracture propagation in rook under compression. Jour. of Fractur Mechanics，1965，1（3）.

[2] Hoek E. Brittle failure of rock，Charpter 4 of "Rock mechanics in engineering". Edited by Stagg K G，Zienkiewicz O C. John Wiley& Sons，1969.

[3] Jaeger J C. Fundamentals of rock mechanics. Chapman and Hall，1979.

[4] Obert D. Brittle fracture of rock，Charpter 3 of "Fracture" V. 7. Edited by Liebowitz H .Acaciemic Press.

第4章　岩体流变理论

4.1　引言

固体受力后，应力应变随时间变化，有时延续很长时间才趋于稳定，有的固体受力后的瞬时不立即破坏，延续一段时间后才破坏。固体受到脉冲荷载后，应力波在介质内部传播时产生衰减和弥散。对以上时间效应的研究就形成了力学中的一个独立分支——流变学。

在循环荷载作用下，应力与应变曲线产生各种滞后迴路，在简谐荷载作用下，弹性介质的迴路是一条重合的斜线（图 4.1），迴路的面积为零，说明没有能量耗散。刚塑性介质的迴路是一个矩形；弹塑性介质的迴路是一个平行四边形；黏性介质的迴路是一个圆；黏弹性介质的迴路是一个椭圆（图 4.1）。原位岩体变形试验得到的多次循环迴路曲线更为复杂。迴路的面积表明介质内部应变能的耗散，与应变速率有关的称为"黏性"，与应变速率无关的称为"摩擦"。如果应变能不恒定，并且随时间耗散，则是松弛耗散。

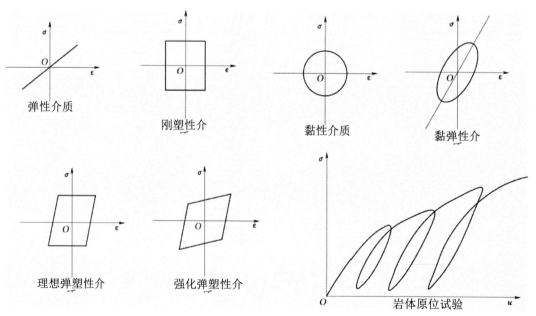

图 4.1　循环荷载作用下应力应变关系

关于流变机制，有各种看法，如断裂、重结晶、位错等机制。

  岩石是地质材料，在地壳活动的漫长岁月中，许多地质现象都与流变有关。在工程中，岩石流变性已经显露出它的重要性，在地下工程中，已经观测到岩体变形的时间效应，它与洞室稳定性和支护体系的受力直接相关。有的大坝在基坑开挖以后，由于应为释放引起基坑流变。著名的 Vajont 坝的边坡滑坡问题，也是一个随时间发展的过程。

  流变包括蠕变和松弛。在常应力作用下，岩石变形随时间发展谓之蠕变。反之，在应变恒定，岩石内部应力随时间减小的谓之松弛（图4.2）。

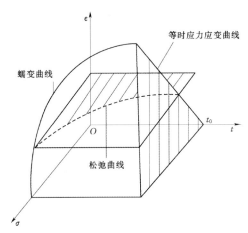

图4.2　蠕变和松弛

  同一岩石如果有几条常应力蠕变曲线，同一时间 t_0 时，应力与应变关系呈线性，就是线性材料（图4.3）。下面还要提到，凡是应力应变关系可用线性微分方程描述的，就是线性流变介质。

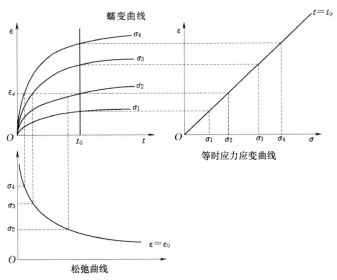

图4.3　蠕变曲线、松弛曲线和等时应力应变曲线

4.2 应力应变时间关系

4.2.1 经验表达式

1933 年 Griggs 研究了岩石的流变性质，他用石灰岩做试验，逐级加载，得到与金属相同的三个阶段（图4.4）。

流变的一般表达式为

$$\varepsilon = \varepsilon_e + \varepsilon_1(t) + V(t) + \varepsilon_3(t) \qquad (4.1)$$

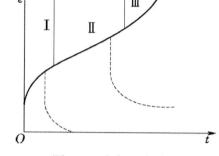

图 4.4 流变三个阶段

式中 ε_e——弹性应变；

$\varepsilon_1(t)$——第一阶段流变，又称短暂流变，是减速率的；

$V(t)$——第二阶段流变，又称定常流变，速率接近常数；

$\varepsilon_3(t)$——第三阶段流变，又称加速阶段。

在第一阶段内，应力突然卸去，应变几乎全部恢复。在第二阶段内应力突然卸去，应变恢复到接近残余应变。

Griggs 用如下经验表达式，即

$$\varepsilon(t) = a + b\log t + ct \qquad (4.2)$$

式中 a——相当于弹性应变；

$b\log t$——短暂流变；

ct——定常流变；

a、b、c——常数。

4.2.2 微分方程表达式（模型理论）

流变介质可用弹性和黏性元件的组合形式表示，即 Hooke 元件

$$\sigma = E\varepsilon \qquad (4.3)$$

Newton 元件（图 4.5）

$$\sigma = \eta\dot{\varepsilon} \qquad (4.4)$$

其中，η 是黏滞系数，单位为泊$\left(\dfrac{\mathrm{kg}}{\mathrm{cm}^2}\mathrm{s}\right)$。

$t=0$ 时，$\varepsilon=0$，积分式（4.4）得

$$\varepsilon = \frac{\sigma}{\eta}t \qquad (4.5)$$

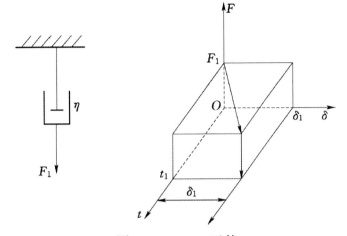

图 4.5 Newton 元件

1．Maxwell 模型

Hooke 元件与 Newton 元件（图 4.5）串联见图 4.6。

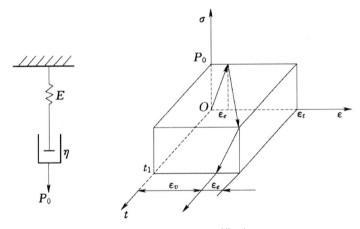

图 4.6 Maxwell 模型

当外力作用时，Hooke 元件和 Newton 元件所受的应力相等，应变为二者之和，即

$$\varepsilon = \varepsilon_e + \varepsilon_v \tag{4.6}$$

因此

$$\dot{\varepsilon} = \frac{\dot{\sigma}}{E} + \frac{\sigma}{\eta} \tag{4.7}$$

蠕变为

$$\sigma = P_0 = \text{Const}$$

则

$$\frac{\mathrm{d}P_0}{\mathrm{d}t} = 0$$

由 $t = 0$ 时，$\varepsilon = \dfrac{P_0}{E}$，解式（4.7）得

$$\varepsilon = P_0 \left(\frac{1}{E} + \frac{t}{\eta} \right) \qquad (4.8)$$

令

$$C(t) = \frac{1}{E} + \frac{t}{\eta} \qquad (4.9)$$

式中　$C(t)$——柔度系数。

松弛为

$$\varepsilon = \varepsilon_0$$

则

$$\frac{\mathrm{d}\varepsilon_0}{\mathrm{d}t} = 0$$

由 $t = 0$ 时，$\sigma = P_0$，解式（4.7）得

$$\sigma = P_0 \exp\left(-\frac{E}{\eta} t \right) \qquad (4.10)$$

由式（4.8），以及 $t = 0$ 时，$\varepsilon = \varepsilon_0$，式（4.10）可写成

$$\sigma = E\varepsilon_0 \exp\left(-\frac{t}{\tau} \right) \qquad (4.11)$$

其中，$\tau = \dfrac{\eta}{E}$ 为松弛时间，即为应力降到开始值的 $\dfrac{1}{e}$ 倍所需的时间。这时有

$$\sigma = \frac{E\varepsilon_0}{e}$$

令

$$M(t) = \frac{\sigma}{\varepsilon_0} = E e^{-\frac{t}{\tau}} \qquad (4.12)$$

$M(t)$ 就是松弛模量。

2. Kelvin 模型（Voigt 模型）

Hooke 元件与 Newton 元件并联见图 4.7，有

$$\varepsilon_e = \frac{\sigma_1}{E}, \quad \dot{\varepsilon}_v = \frac{\sigma_2}{\eta} \qquad (4.13)$$

两者应变相等

$$\varepsilon = \varepsilon_e = \varepsilon_v \qquad (4.14)$$

应力为两者之和

$$\sigma = E\varepsilon + \eta \dot{\varepsilon}_u \qquad (4.15)$$

式（4.15）又可写成：

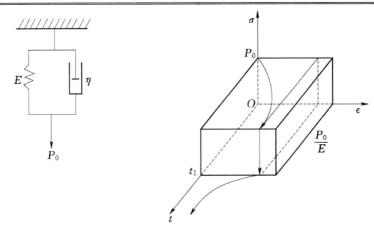

图 4.7 Kelvin 模型

$$\frac{\sigma}{\eta} = \frac{E}{\eta}\varepsilon + \frac{\mathrm{d}\varepsilon}{\mathrm{d}t} \tag{4.16}$$

蠕变为

$$\sigma = P_0$$

根据 $t = 0$ 时，$\varepsilon = 0$，解式（4.16）得

$$\varepsilon = \frac{P_0}{E}\left[1 - \exp\left(-\frac{t}{\tau}\right)\right] \tag{4.17}$$

其中

$$\tau = \frac{\eta}{E}$$

在式（4.17）中，当 $t \to \infty$，$\varepsilon \to \dfrac{P_0}{E}$，Kelvin 模型中流变过程以指数规律呈减速率，符合第一阶段流变规律，其极限为 P_0/E，其柔度系数为

$$C(t) = \frac{1}{E}\left[1 - \exp\left(-\frac{t}{\tau}\right)\right] \tag{4.18}$$

式（4.17）表示 $0 \leqslant t \leqslant t_1$ 时间范围内的应变。现在要看 P_0 卸去以后的应变，由式（4.16），即

$$\frac{\mathrm{d}\varepsilon}{\mathrm{d}t} = \frac{\sigma}{\eta} - \frac{E\varepsilon}{\eta}$$

得

$$\mathrm{d}\varepsilon + \frac{E}{\eta}\varepsilon\mathrm{d}t = \frac{\sigma}{\eta}\mathrm{d}t \tag{4.19}$$

在 t_1 时刻卸去 P_0，得

$$\mathrm{d}\varepsilon + \frac{\varepsilon}{\tau}\mathrm{d}t' = 0 \tag{4.20}$$

解式（4.20），应力卸去后的应变变化为

$$\varepsilon = \varepsilon_1 \exp\left(-\frac{t'}{\tau}\right) \tag{4.21}$$

式（4.21）中以（$t-t_1$）代替 t'，得应力 P_0 开始卸去时的应变为

$$\varepsilon_1 = \frac{P_0}{E}\left[1-\exp\left(-\frac{t_1}{\tau}\right)\right] \tag{4.22}$$

将式（4.22）代入式（4.21），得卸去 P_0 后的应变为

$$\varepsilon = \frac{P_0}{E}\left[\exp\left(\frac{t_3}{\tau}\right)-1\right]\exp\left(-\frac{t}{\tau}\right) \quad (t \geqslant t_1) \tag{4.23}$$

从式（4.23）可以看到，当 $t \to t_1$，则 $\varepsilon \to \varepsilon_1$（图 4.7）；而当 $t \to \infty$（t 当然大于 t_1），则 $\varepsilon \to 0$。即应力卸去以后，应变呈指数规律减小，逐渐回复到零，这种性质谓之弹性后效。

松弛为

$$\varepsilon = \varepsilon_0, \quad \frac{\mathrm{d}\varepsilon_0}{\mathrm{d}t} = 0$$

根据式（4.16）得

$$\frac{\sigma}{\eta} = \frac{E}{\eta}\varepsilon_0$$

即 $\varepsilon = \varepsilon_0$，则

$$\sigma = E\sigma_0$$

应变为常数时 Kelvin 模型的应力全部由 Hooke 元件承受，不发生松弛。

3．广义 Kelvin 模型

Hooke 元件与 Maxwell 模型串联，见图 4.8，有

$$\varepsilon = \varepsilon_1 + \varepsilon_3 \tag{4.24}$$

$$\sigma = E_1\varepsilon_1 \tag{4.25}$$

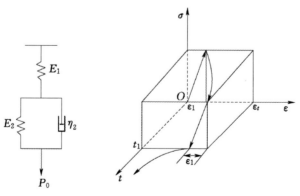

图 4.8　广义 Kelvin 模型

由 Kelvin 模型得

$$\sigma = E_2\varepsilon_2 + \eta_2\frac{\mathrm{d}\varepsilon_2}{\mathrm{d}t} \tag{4.26}$$

解式（4.24）～式（4.26）得

$$\frac{E_1 + E_2}{E_1\eta_2}\sigma + \frac{1}{E_1}\frac{\mathrm{d}\sigma}{\mathrm{d}t} = \frac{E_2}{\eta_2}\varepsilon + \frac{\mathrm{d}\varepsilon}{\mathrm{d}t} \tag{4.27}$$

蠕变为

$$\sigma = P_0$$

当 $t = 0$ 时，

$$\varepsilon = \varepsilon_0 = \frac{P_0}{E_1}$$

则

$$\varepsilon = \frac{P_0}{E_1} + \frac{P_0}{E_2}\left[1 - \exp\left(-\frac{t}{\tau}\right)\right] \tag{4.28}$$

其中

$$\tau = \eta_2 / E_2$$

当 $t \to \infty$ 时

$$\varepsilon \to \frac{P_0(E_1 + E_2)}{E_1 E_2}$$

即广义 Kelvin 模型的流变范围为 $\dfrac{P_0}{E_1} \sim \dfrac{P_0(E_1 + E_2)}{E_1 E_2}$，其柔度函数为

$$C(t) = \frac{1}{E_1} + \frac{1}{E_2}\left[1 - \exp\left(-\frac{t}{\tau}\right)\right] \tag{4.29}$$

与 Kelvin 模型不同之处是它有一个起始弹性应变 P_0/E_1。

4．Burgers 模型

Burgers 模型由一个 Maxwell 模型和一个 Kelvin 模型串联（图 4.9），其中

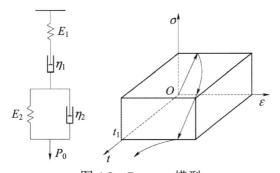

图 4.9　Burgers 模型

$$\varepsilon = \varepsilon_1 + \varepsilon_2 \tag{4.30}$$

$$\sigma = \eta_2\frac{\mathrm{d}\varepsilon_2}{\mathrm{d}t} + E_2\varepsilon_2 \tag{4.31}$$

$$\frac{\mathrm{d}\varepsilon_1}{\mathrm{d}t} = \frac{1}{E_1}\frac{\mathrm{d}\sigma}{\mathrm{d}t} + \frac{\sigma}{\eta_1} \tag{4.32}$$

由式（4.30）～式（4.32）解得

$$\frac{\mathrm{d}^2\sigma}{\mathrm{d}t^2} + \left(\frac{E_1}{\eta_1} + \frac{E_2}{\eta_2} + \frac{E_1}{\eta_2}\right)\frac{\mathrm{d}\sigma}{\mathrm{d}t} + \frac{E_1 E_2}{\eta_1 \eta_2}\sigma = \frac{E_1 E_2}{\eta_2}\frac{\mathrm{d}\varepsilon}{\mathrm{d}t} + E_1 \frac{\mathrm{d}^2\varepsilon}{\mathrm{d}t^2} \tag{4.33}$$

蠕变为

$$\varepsilon = \frac{P_0}{E_1} + \frac{P_0}{E_2}\left[1 - \exp\left(-\frac{t}{\tau}\right)\right] + \frac{P_0}{\eta_1}t \tag{4.34}$$

其中

$$\tau = \eta_2 / E_2$$

式（4.34）表示 Burgers 模型的瞬时应变、短暂流变和定常流变。其柔度系数为

$$C(t) = \frac{1}{E_1} + \frac{1}{E_2}\left[1 - \exp\left(-\frac{t}{\tau}\right)\right] + \frac{t}{\eta_1} \tag{4.35}$$

上面四种模型中，Kelvin 模型和广义 Kelvin 模型流变分别以 P_0/E_1 和 $P_0(E_1 + E_2)/(E_1 E_2)$ 为极限。Maxwell 模型和 Burgers 模型没有极限。

现在把四种模型的本构定律归纳如下：

（1）Maxwell 模型为

$$\dot{\varepsilon} = \frac{\sigma}{\eta} + \frac{1}{E}\dot{\sigma} \tag{4.36}$$

（2）Kelvin 模型为

$$\dot{\varepsilon} + \frac{E}{\eta}\varepsilon = \frac{1}{\eta}\sigma \tag{4.37}$$

（3）广义 Kelvin 模型为

$$\dot{\varepsilon} + \frac{E_2}{\eta_2}\varepsilon = \frac{E_1 + E_2}{E_1 \eta_2}\sigma + \frac{1}{E_1}\dot{\sigma} \tag{4.38}$$

（4）Burgers 模型为

$$E_1\ddot{\varepsilon} + \frac{E_1 E_2}{\eta_2}\dot{\varepsilon} = \frac{E_1 E_2}{\eta_1 \eta_2}\sigma + \left(\frac{E_1}{\eta_1} + \frac{E_2}{\eta_2} + \frac{E_1}{\eta_2}\right)\dot{\sigma} + \ddot{\sigma} \tag{4.39}$$

这四种模型的应力应变时间关系归结如下：

（1）Maxwell 模型为

$$\varepsilon = P_0\left(\frac{1}{E} + \frac{t}{\eta}\right) \tag{4.40}$$

（2）Kelvin 模型为

$$\varepsilon = \frac{P_0}{E}\left[1 - \exp\left(-\frac{t}{\tau}\right)\right] \tag{4.41}$$

（3）广义 Kelvin 模型为

$$\varepsilon = \frac{P_0}{E_1} + \frac{P_0}{E_2}\left[1 - \exp\left(-\frac{E_2 t}{\eta_2}\right)\right] \tag{4.42}$$

（4）Burgers 模型为

$$\varepsilon = \frac{P_0}{E_1} + \frac{P_0}{E_2}\left[1 - \exp\left(-\frac{E_2 t}{\eta_2}\right)\right] + \frac{P_0 t}{\eta_1} \tag{4.43}$$

其各种模型的应力应变时间关系见图 4.10。

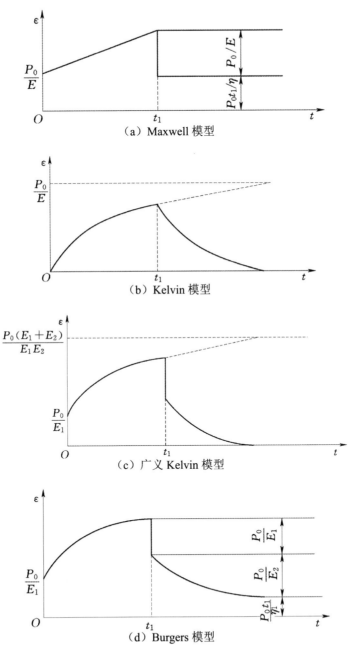

图 4.10 各种模型的应力应变时间关系

线性黏滞弹性介质用线性微分方程描述，微分方程的阶与模型中的黏性元

件的数目相等。线性流变本构定律的一般形式为

$$a_n \frac{\mathrm{d}^n \varepsilon}{\mathrm{d}t^n} + \cdots + a_2 \frac{\mathrm{d}^2 \varepsilon}{\mathrm{d}t} + a_1 \frac{\mathrm{d}\varepsilon}{\mathrm{d}t} + a_0 \varepsilon = b_0 \sigma + b_1 \frac{\mathrm{d}\sigma}{\mathrm{d}t} + b_2 \frac{\mathrm{d}^2 \sigma}{\mathrm{d}t^2} + \cdots + b_n \frac{\mathrm{d}^n \sigma}{\mathrm{d}t^n} \quad （4.44）$$

式（4.44）用符号 $D\left(D = \dfrac{\mathrm{d}}{\mathrm{d}t}\right)$ 记之，则有

$$(a_n D^n + \cdots + a_2 D^2 + a_1 D + a_0)\varepsilon = (b_0 + b_1 + b_2 D^2 + \cdots + b_n D^n)\sigma \quad （4.45）$$

在线弹理论中有

$$\left. \begin{array}{l} S_{ij} / \varepsilon_{ij} = 2G \\ \sigma_{ii} / e_{ii} = 3K \end{array} \right\} \quad （4.46）$$

由式（4.46），黏弹性介质则有相应的关系式，即

$$\left. \begin{array}{l} Q_g(D) / P_g(D) = 2G \\ Q_k(D) / P_k(D) = 3K \end{array} \right\} \quad （4.47）$$

其中

$$P_k(D) = b_0 + b_1 D + b_2 D + \cdots + b_n D^n$$

$$Q_k(D) = a_0 + a_1 D + a_2 D^2 + \cdots + a_n D^n$$

$$P_g(D) = b_0' + b_1' D + b_2' D^2 + \cdots + b_n' D^n$$

$$Q_g(D) = a_0' + a_1' D + a_2' D^2 + \cdots + a_n' D^n$$

对于式（4.45）可用拉氏变换表示。函数 $f(t)$ 的拉氏变换为

$$f(p) = \int_0^p e^{-pt} f(t)\mathrm{d}t \quad （4.48）$$

其反演为

$$f(t) = \frac{1}{2\pi i} \int_{S-i\infty}^{S+i\infty} f(p)e^{pt}\mathrm{d}p \quad （4.49）$$

函数微分的拉氏变换为

$$\frac{\mathrm{d}^n f(p)}{\mathrm{d}t^n} = -\left\{ \left[\frac{\mathrm{d}^{n-1} f(t)}{\mathrm{d}t^{n-1}}\right]_0 + p\left[\frac{\mathrm{d}^{n-2} f(t)}{\mathrm{d}t^{n-2}}\right]_0 + \cdots + p^{n-1}\left[f(t)\right]_0 \right\} + p^n f(p) \quad （4.50）$$

如果初始条件为零，则

$$\frac{\mathrm{d}^n f(p)}{\mathrm{d}t^n} = p^n f(p) \quad （4.51）$$

即函数微分的拉氏变换为原函数的拉氏变换乘以 p^n。

对式（4.45）作拉氏变换，得到算子形式的线性流变本构定律，即

$$\left. \begin{array}{l} P_k(p)\sigma_{ii}^* = Q_k(p)e_{ii}^* \\ P_g(p)s_{ij}^* = Q_g(p)\varepsilon_{ij}^* \end{array} \right\} \quad （4.52）$$

式中 　＊——作拉氏变换后的值。

其中

$$P_k(p) = b_0 + b_1 p + b_2 p + \cdots + b_n p^n$$

$$Q_k(p) = a_0 + a_1 p + a_2 p^2 + \cdots + a_n p^n$$

$$P_g(p) = b_0' + b_1' p + b_2' p^2 + \cdots + b_n' p^n$$

$$Q_g(p) = a_0' + a_1' p + a_2' p^2 + \cdots + a_n' p^n$$

4.2.3 积分方程表达式（叠加原理）

积分方程表达式是 Boltzmann 于 1874 年建立的。设在某一瞬时 τ 开始，在 Δt 时间间隔中对物体施加应力 $\sigma(\tau)$，$\sigma(\tau)$ 卸去以后，应变不立刻消失而是逐渐减小。任一瞬时 $t > \tau$ 时的应变与 $\sigma(\tau)$ 的数值成正比，并且与延续时间 $\Delta\tau$ 以及与（$t-\tau$）时段有关的减函数成正比，即 $t > \tau$ 后瞬时的变形为

$$\varepsilon(t) = \varphi(t-\tau)\sigma(\tau)\Delta\tau \tag{4.53}$$

式中　$\varphi(t-\tau)$ ——材料性质决定的单调减函数。

根据 Hooke 定律，在瞬时 t 作用的应力还要引起瞬时应变 $\dfrac{\sigma(t)}{E}$。因此，t 时的总应变为

$$\varepsilon(t) = \frac{\sigma(t)}{E} + \varphi(t-\tau)\sigma(\tau)\Delta\tau \tag{4.54}$$

如果在不同瞬时 τ_i 的时间间隔 $\Delta\tau_i$ 的期间内作用 $\sigma(\tau_i)$，则在瞬时 t 的应变为

$$\varepsilon(t) = \frac{\sigma(t)}{E} + \sum_i \varphi(t-\tau_i)\sigma(\tau_i)\Delta\tau_i \tag{4.55}$$

如果加载是连续的，则

$$\varepsilon(t) = \frac{\sigma(t)}{E} + \int_0^t \varphi(t-\tau)\sigma(\tau)\mathrm{d}\tau \tag{4.56}$$

这是第二类 Bolterra 线性积分方程，影响函数 $\varphi(t-\tau)$ 是积分方程的核，其解为

$$\sigma(t) = E\varepsilon(t) - \int_0^t \varphi(t-\tau)\varepsilon(\tau)\mathrm{d}\tau \tag{4.57}$$

式中　$\varphi(t-\tau)$ 是核 $\varphi(t-\tau)$ 的豫解式。

对于积分方积式（4.56），关键是通过试验确定积分核。

在式（4.56）中作变量替换，令 $\tau = t-\theta$，$\theta = t-\tau$，则

$$\varepsilon(t) = \frac{\sigma(t)}{E} + \int_0^t K(\theta)\sigma(t-\theta)\mathrm{d}\theta \tag{4.58}$$

设

$$\sigma = \begin{cases} 0, & \text{当} t < t_0 \\ \sigma_0, & \text{当} t > t_0 \end{cases}$$

因此，当 $t > t_0$ 时有

$$\varepsilon(t) = \sigma_0 \left[\frac{1}{E} + \int_0^{t-t_0} K(\theta) \mathrm{d}\theta \right] \tag{4.59}$$

对式（4.59）微分，得

$$\dot{\varepsilon}(t) = \sigma_0 K(t - t_0) \tag{4.60}$$

由此

$$K(t) = \begin{cases} \dfrac{\dot{\varepsilon}(t)}{\sigma_0}, & \text{当}\, t = t_0 \\ 0, & \text{当}\, t = \infty \end{cases} \tag{4.61}$$

即积分核是一个与变形速度成比例的物理量，可由试验确定，即可由常应力的蠕变试验确定 $K(t)$。

在式（4.59）中，如果 $t = \infty$，得

$$\varepsilon(\infty) = \lim_{t \to \infty} \varepsilon(t) = \sigma_0 \left[\frac{1}{E} + \int_0^\infty K(\theta) \mathrm{d}\theta \right] \tag{4.62}$$

由此可得长期弹性模量 $E(\infty)$ 为

$$E(\infty) = \frac{1}{\dfrac{1}{E} + \int_0^\infty K(\tau) \mathrm{d}\tau} \tag{4.63}$$

式中　$E(\infty)$——极长期应力应变关系。

如果当 t 增大时，$\int_0^t K(\theta) \mathrm{d}\theta$ 无限制增大，则长期弹模量等于零。

4.3　场方程

对于线性流变理论，在给定边界条件下求解问题，可以对流变基本方程作变换，使之与经典弹性理论相似，说经典弹性理论问题经反演之后就是流变问题，这就是对应原理（Correspondence principle）。

流变理论的基本方程式如下。

平衡方程为

$$\frac{\partial \sigma_{ij}}{\partial x_i} + x_i(t) = 0, \quad \sigma_{ij} = \sigma_{ji} \quad (i, j = 1, 2, 3) \tag{4.64}$$

几何方程为

$$\varepsilon_{ij} = \frac{1}{2} \left(\frac{\partial u_i}{\partial x_j} + \frac{\partial u_j}{\partial x_i} \right), \quad \varepsilon_{ij} = \varepsilon_{ji} \quad (i, j = 1, 2, 3) \tag{4.65}$$

物理方程为

$$\left. \begin{array}{l} P_g(D) S_{ij} = Q_g(D) \varepsilon_{ij} \\ P_k(D) \sigma_{ij} = Q_k(D) e_{ii} \end{array} \right\} \tag{4.66}$$

边界条件为

$$T_i(x_j, \ t) = \sigma_{ij}n_j \tag{4.67}$$

式中 T_i——面力的分量；

n_j——边界面法线方向余弦。

流变方程与弹性理论方程的真正差别仅在于应力应变关系不同，弹性理论中 $2G$、$3K$ 在流变理论中用 $Q_g(D)/P_g(D)$ 和 $Q_k(D)/P_k(D)$ 代替，可以用拉氏变换将时间变量与空间变量分开。

对式（4.64）～式（4.67）作拉氏变换，前仍用"*"表示变换后之值。假定初始值 $u(0) = \dfrac{\partial u(0)}{\partial t} = 0$，则 $P_g(D)$、$Q_g(D)$、$P_k(D)$、$Q_k(D)$ 均为 $\sum\limits_0^m a_n D^n$ 的线性算符，它们的拉氏变换直接变为 $P_g(p)$、$Q_g(p)$、$P_k(p)$、$Q_k(p)$。式（4.64）～式（4.67）的拉氏变换为

$$\frac{\partial \sigma_{ij}^*}{\partial x_i} + X_j(p) = 0 \tag{4.68}$$

$$\varepsilon_{ij}^* = \frac{1}{2}\left(\frac{\partial u_i^*}{\partial x_j} + \frac{\partial u_j^*}{\partial x_i}\right) \tag{4.69}$$

$$\left.\begin{array}{l} P_g(p)S_{ij}^* = Q_g(p)\varepsilon_{ij}^* \\ P_k(p)\sigma_{ii}^* = Q_k(p)\varepsilon_{ij}^* \end{array}\right\} \tag{4.70}$$

$$T_i^*(x_j, p) = \sigma_{ij}^* n_j \tag{4.71}$$

对于边界力，在流变介质中要考虑力是在某一时间施加的，在施加外力以前为零，用 Heaviside 单位函数表示，即

$$P(t) = P_0 H(t) \tag{4.72}$$

上式的拉氏变换为

$$P(t)^* = \int_0^\infty P_0 H(t)\mathrm{e}^{-pt}\mathrm{d}t = \frac{P_0}{p} \tag{4.73}$$

棍据弹性 Hooke 定律，即

$$\sigma_{ij} = \lambda \Theta \delta_{ij} + 2\mu\varepsilon_{ij} \tag{4.74}$$

式中 δ_{ij}——Kroneker 记号；

λ、μ——Lame′常数。

根据

$$\left.\begin{array}{l} E = \dfrac{\mu(3\lambda + 2\mu)}{\lambda + \mu} \\[3mm] v = \dfrac{\lambda}{2(\lambda + \mu)} \\[3mm] k = \dfrac{p}{\Theta} = \lambda + \dfrac{2\mu}{3} \\[3mm] G = \mu \end{array}\right\} \tag{4.75}$$

及

$$\Theta = \varepsilon_{ii} \qquad (4.76)$$

流变场方程为

$$\sigma_{ij}(t) = K(D)\Theta(t)\delta_{ij} + 2G(D)\left[\varepsilon_{ij}(t) - \frac{\Theta(t)}{3}\delta_{ij}\right] \qquad (4.77)$$

或

$$\sigma_{ij}(t) = 2G(D)\left[\frac{v(D)}{1-2v(D)}\Theta(t)\delta_{ij} + \varepsilon_{ij}(t)\right] \qquad (4.78)$$

其中

$$v(D) = \frac{Q_k(D)/P_k(D) - Q_g(D)/P_g(D)}{2Q_k(D)/P_k(D) + Q_g(D)/P_g(D)}$$

如果，对于式（4.74）中的 Lame 常数用一个 Volterra 型积分算子表示。得到流变状态方程的积分形式，即

$$\sigma_{ij}(t) = \left[\lambda_0\Theta(\tau) - \int_0^t \lambda(t-\tau)\Theta(\tau)\mathrm{d}\tau\right]\delta_{ij} + 2\left[\mu\varepsilon_{ij}(t) - \int_0^t \mu(t-\tau)\varepsilon_{ij}(\tau)\mathrm{d}\tau\right] \qquad (4.79)$$

作拉氏变换为

$$\sigma_{ij}^*(p) = {}^*\lambda(p)\Theta^*(p)\delta_{ij} + z^*\mu(p)\varepsilon_{ij}^*(p) \qquad (4.80)$$

其中

$$\left.\begin{array}{l} {}^*\lambda = \lambda_0 - \lambda^*(p) \\ {}^*\mu = \mu_0 - \mu^*(p) \end{array}\right\} \qquad (4.81)$$

$$\left.\begin{array}{l} {}^*\lambda(p) = \begin{cases} \lambda_0, & t = 0 \\ \lambda_\infty, & t = \infty \end{cases} \\[4mm] {}^*\mu(p) = \begin{cases} \mu_0, & t = 0 \\ \mu_\infty, & t = \infty \end{cases} \end{array}\right\} \qquad (4.82)$$

【例】无限岩体中的圆形隧洞，没有衬砌，求孔口边界上作用均匀压力 P，求孔口边界岩体的流变变形。假定岩体不产生体积流变，即体积模量 K 不是时间的函数，岩体变形服从广义 Kelvin 模型。根据式（4.83），得

$$\dot{\varepsilon} + \frac{G_2}{\eta_2}\varepsilon = \frac{G_1 + G_2}{G_1\eta_2}S + \frac{1}{G_1}\dot{S} \qquad (4.83)$$

又可改写成

$$G_1\eta_2\dot{\varepsilon} + G_1G_2\varepsilon = (G_1 + G_2)S + \eta_2\dot{S} \qquad (4.84)$$

与式（4.45）比较

$$a_0 = G_1G_2, \quad a_1 = G_1\eta_2$$
$$b_0 = G_1 + G_2, \quad b_1 = \eta_2$$

式（4.84）可以写成

$$(a_1 D + a_0)\varepsilon = (b_1 D + b_0)S \qquad （4.85）$$

即

$$\frac{s}{\varepsilon} = \frac{a_1 D + a_0}{b_1 D + b_0}$$

在内水压力 P 作用下，圆隧洞孔口见图 4.11。

弹性位移为

$$u = -\frac{PR^2}{2Gr} \qquad （4.86）$$

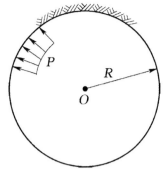

图 4.11 受均匀压力的圆形孔口

其黏弹性解为

$$u(D) = \frac{PH(t)R^2}{\dfrac{a_1 D + a_0}{b_1 D + b_0}r} = -\frac{PH(t)R^2(b_1 D + b_0)}{(a_1 D + a_0)r} \qquad （4.87）$$

上式的拉氏变换为

$$
\begin{aligned}
u^* &= -\frac{PR^2(b_1 p + b_0)}{2p(a_1 p + a_0)r} = -\frac{PR^2(\eta_1 p + G_1 + G_2)}{2P(G_1\eta_2 P + G_1 G_2)r} \\
&= -\frac{PR^2}{2rGG_2}\left(\frac{G_1 + G_2}{P} - \frac{G_1}{P + G_2/\eta_2}\right)
\end{aligned}
\qquad （4.88）
$$

拉氏反演之后为

$$
\begin{aligned}
u(t) &= -\frac{PR^2(G_1 + G_2)}{2rG_1 G_2} + \frac{PR^2}{2rG_2}\mathrm{e}^{-G_2 t/\eta_2} \\
&= -\frac{PR^2}{2rG_1} - \left(\frac{PR^2 G_1}{2rG_1 G_2} - \frac{PR^2 G_1}{2rG_1 G_2}\mathrm{e}^{-G_2 t/\eta_2}\right) \\
&= -\frac{PR^2}{2rG_1} - \frac{PR^2}{2rG_2}(1 - \mathrm{e}^{-G_2 t/\eta_2})
\end{aligned}
\qquad （4.89）
$$

当 $t = 0$，则

$$u = -\frac{PR^2}{2rG_1}$$

当 $t \to \infty$，则

$$u = -\frac{PR^2}{2r}\left(\frac{G_1 + G_2}{G_1 G_2}\right)$$

4.4 黏塑性模型

常用的黏塑性模型是一个 Kelvin 模型与一个 Bingham 模型串联而成（图 4.12）。

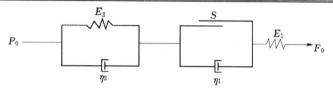

图 4.12　黏塑性模型

其应力应变关系为

$$\varepsilon = \frac{P_0}{E_1} + \frac{P_0}{E_2}\left[1 - \exp\left(-\frac{E_2}{\eta_2}t\right)\right], \ (P_0 \leqslant S) \tag{4.90}$$

$$\varepsilon = \frac{P_0}{E_1} + \frac{P_0}{E_2}\left[1 - \exp\left(-\frac{E_2}{\eta_2}t\right)\right] + \frac{(P_0 - S)t}{\eta_1}, \ (P_0 > S) \tag{4.91}$$

对于复杂应力状态需要引进塑性准则代替（$P_0 - S$）。可以看出，当 $P_0 \leqslant S$ 时，实际上是一个广义 Kelvin 模型；当 $P_0 > S$ 时，变成 Burgers 模型。因为 Burgers 模型的应变没有极限，作为黏弹模型，其应变量是无限制流动下去的，但是不反映它何时屈服。实际上流动到一定程度，应力进入塑性状态。进行黏塑性分析时，岩体应力除用该模型描述外，还要服从弹塑性屈服准则、流动法则等。

参考文献

[1] 李国平，郭友中. 数理地震学. 北京：地震出版社，1978.

[2] Reiner M. 理论留变学讲义. 郭友中，王武陵，等译. 北京：科学出版社，1965.

[3] Bland D R. The theory of linear Viscoelasticity. Pergamon Press, 1960.

[4] Jaeger J C，Cook M G W. Fundamentals of rosk mechanics. Chapman and Hall，1979.

[5] Lee E H. Stress analysis in Viscoelastics bodies Quart. Appl. Math.13.1955：183 - 190.

[6] Caddell Robert M. Deformation and fracture of solids. Prentice-Hall，1980.

[7] Качанов M. 塑性理论基础. 周承偶，唐照千译. 北京：人民教育出版社，1959.

第 5 章　层状岩体

5.1　引言

在岩体的组合结构中，成层状的岩体，是组合结构分布最有规律，并且其力学性质也是比较简单的一种。它由岩石与平直的不连续面组合。到目前为止，岩体力学中对不连续面已经提供了许多试验资料，因此，在错综复杂的岩石组合结构中，只有层状介质比较有条件作一些深入研究。

由于沉积岩大部分呈层状，因此，对层状岩体的研究在实践中很有意义。

又由于层状岩体性质复杂，在建立力学模型时要具体情况具体对待，并作必要的简化。当处理重力坝坝基抗滑稳定性、拱坝坝肩抗滑稳定性以及自然边坡滑动问题时，涉及沿层面的破坏（或流动），因此，必须把岩石（严格讲其中包含节理、裂隙等二次不连续面）和层面或断层分开处理。对于结构物与岩体相互作用问题，如坝肩岩体变形对拱坝应力的影响。压力隧洞中岩体与衬砌联合作用等问题，就可以对岩体作总体考虑，建立岩体力学模型。

5.2　层状岩体的弹性本构定律

层状岩体中（图 5.1）x 和 y 方向的弹性性质相同，其 Hooke 定律为

$$\begin{bmatrix} \varepsilon_x \\ \varepsilon_y \\ \varepsilon_z \\ \gamma_{xy} \\ \gamma_{yz} \\ \gamma_{zx} \end{bmatrix} = \begin{bmatrix} a_{11} & a_{12} & a_{13} & 0 & 0 & 0 \\ a_{21} & a_{22} & a_{23} & 0 & 0 & 0 \\ a_{31} & a_{32} & a_{33} & 0 & 0 & 0 \\ 0 & 0 & 0 & a_{44} & 0 & 0 \\ 0 & 0 & 0 & 0 & a_{55} & 0 \\ 0 & 0 & 0 & 0 & 0 & a_{66} \end{bmatrix} = \begin{bmatrix} \sigma_x \\ \sigma_y \\ \sigma_z \\ \tau_{xy} \\ \tau_{yz} \\ \tau_{zx} \end{bmatrix} \tag{5.1}$$

其中

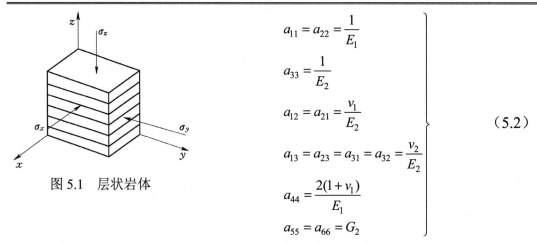

图 5.1　层状岩体

$$a_{11} = a_{22} = \frac{1}{E_1}$$

$$a_{33} = \frac{1}{E_2}$$

$$a_{12} = a_{21} = \frac{v_1}{E_2}$$

$$a_{13} = a_{23} = a_{31} = a_{32} = \frac{v_2}{E_2}$$

$$a_{44} = \frac{2(1+v_1)}{E_1}$$

$$a_{55} = a_{66} = G_2$$

（5.2）

层状岩体具有 E_1、v_1、E_2、v_2、G_2 共五个弹性常数，但是岩体力学试验尚无法测得这五个独立常数。金属合成材料介质中，许多研究工作者试图根据单独测定的每一种基本材料的弹性常数，作为微观弹性常数，通过材料力学或弹性力学中的变分原理，去计算合成材料的宏观弹性常数。据报道还没有试验资料证实理论计算的可靠性。岩体力学中比较现实的办法是利用原位试验，在一些假定条件下用近似计算得到各向异性弹性常数。

5.3　层状岩体的弹塑性本构定律

对于宏观的各向异性岩体的屈服准则，Hill 把 Mises 理论加以推广，得

$$2f(\sigma_{ij}) = F(\sigma_x - \sigma_y)^2 + G(\sigma_y - \sigma_z)^2 + H(\sigma_z - \sigma_x)^2 \\ + 2L\tau_{xy}^2 + 2M\tau_{yz}^2 + 2N\tau_{zx}^2 = 1$$

（5.3）

式中　F、G、H、L、M、N——瞬时各向异性状态的特征参量。

可以假定 $f(\sigma_{ij})$ 是岩体塑性位势，各个主方向的应变增量可由流动法则，即

$$d\varepsilon_{ij}^p = d\lambda \frac{\partial f(\sigma_{ij})}{\partial \sigma_{ij}}$$

（5.4）

得到

$$d\varepsilon_x^p = d\lambda[F(\sigma_x - \sigma_y) + H(\sigma_z - \sigma_x)]$$

$$d\varepsilon_y^p = d\lambda[G(\sigma_y - \sigma_z) + F(\sigma_x - \sigma_y)]$$

$$d\varepsilon_z^p = d\lambda[H(\sigma_z - \sigma_x) + G(\sigma_y - \sigma_z)]$$

$$d\gamma_{xy}^p = d\lambda L\tau_{xy}$$

$$d\gamma_{yz}^p = d\lambda M\tau_{yz}$$

$$d\gamma_{zx}^p = d\lambda N\tau_{zx}$$

（5.5）

体积应变满足不可压缩条件，即

$$\mathrm{d}\varepsilon_x^p + \mathrm{d}\varepsilon_y^p + \mathrm{d}\varepsilon_z^p = 0 \tag{5.6}$$

5.4 层面的弹塑性本构定律

岩体力学试验和强度理论已经告诉我们，层面屈服之后可能出现两种情况：一是屈服之后为应变强化或理想塑性；二是屈服极限就是破坏极限。

在层面中某一局部进入塑性状态后，随着外荷载的增加，塑性区继续延伸，在塑性区内层面仍有承载剪应力的能力，随着荷载增加，直到层面滑动或者沿层面和裂隙组合而成一个新滑动面滑动，脆性岩体丧失承载能力为止。

对于塑性应力状态的层面，可以直接应用第 3 章中介绍的弹塑性本构定律。对层面作有限元应力分析时，不同的作者可能有不同的处理。

Goodman 等对层面提出如下两个反映其变形特性的参数，即

$$\left.\begin{aligned} K_n &= \left(\frac{\partial \sigma}{\partial v}\right)_\tau \\ K_s &= \left(\frac{\partial \tau}{\partial u}\right)_\sigma \end{aligned}\right\} \tag{5.7}$$

式中　K_n、K_s——层面的法向刚度和切向刚度。

在弹性阶段 K_n、K_s 分别为

$$\left.\begin{aligned} K_n &= \frac{\sigma}{v} \\ K_s &= \frac{\tau}{u} \end{aligned}\right\} \tag{5.8}$$

式中　v ——垂直节理方向的位移；

　　u ——平行方向位移。

Goodman 等并用四节点、厚度很小的单元模拟节理，先在局部坐标上建立节理单元的刚度矩阵（图 5.2）。

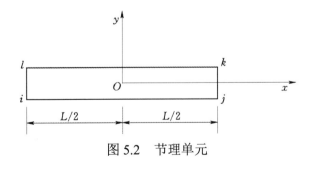

图 5.2　节理单元

对于常应变单元，位移为线性分布，位移函数可写成

$$\left.\begin{aligned} u_\text{上} &= N_1 u_l + N_2 u_k \\ u_\text{下} &= N_1 u_i + N_2 u_j \end{aligned}\right\} \tag{5.9}$$

这是 x 方向的位移，其中

$$N_1 = \frac{1}{2}\left(1 - \frac{2x}{L}\right)$$
$$N_2 = \frac{1}{2}\left(1 + \frac{2x}{L}\right)$$

（5.10）

层面上下平行位移差为

$$\Delta u = u_{\text{上}} - u_{\text{下}} = N_1(u_l - u_i) + N_2(u_k - u_j)$$

（5.11）

同理，上下垂直位移差为

$$\Delta v = v_{\text{上}} - v_{\text{下}} = N_1(v_l - v_i) + N_2(v_k - v_j)$$

（5.12）

位移差用单元角点位移 $\{\delta\}$ 表示，即

$$\left\{\begin{array}{c}\Delta u \\ \Delta v\end{array}\right\} = \{\omega\} = [B]\{\delta\}$$

（5.13）

其中

$$[B] = \begin{bmatrix} -N_1 & 0 & -N_2 & 0 & N_2 & 0 & N_1 & 0 \\ 0 & -N_1 & 0 & -N_2 & 0 & N_2 & 0 & N_1 \end{bmatrix}$$

（5.14）

因为单元十分薄，因此，可以使剪应力 τ_s 和正应力 σ_n 分别与剪位移差 Δu 和垂直位移差 Δv 成正比（不写成类似广义 Hooke 定律的形式），即

$$\left\{\begin{array}{c}\tau_s \\ \sigma_n\end{array}\right\} = \{\sigma\} = [K]\{\omega\}$$

（5.15）

$$[k] = \begin{bmatrix} K_s & 0 \\ 0 & K_n \end{bmatrix}$$

（5.16）

单元内功与外功相等，即

$$\{\delta\}^t\{F\} = \int_{-\frac{L}{2}}^{\frac{L}{2}} \{\omega\}^t\{\sigma\}\mathrm{d}x$$

（5.17）

得

$$\{F\} = [K]\{\sigma\}$$

（5.18）

其中

$$\{K\} = \int_{-\frac{L}{2}}^{\frac{L}{2}} [B]^t[K][B]\mathrm{d}x$$

（5.19）

$$[B]^t[K][B] = \begin{bmatrix} -N_1 & 0 \\ 0 & -N_1 \\ -N_2 & 0 \\ 0 & -N_2 \\ N_2 & 0 \\ 0 & N_2 \\ N_1 & 0 \\ 0 & N_1 \end{bmatrix} \begin{bmatrix} K_s & 0 \\ 0 & K_n \end{bmatrix} \begin{bmatrix} -N_1 & 0 & N_2 & 0 & N_2 & 0 & N_1 & 0 \\ 0 & -N_1 & 0 & -N_2 & 0 & N_2 & 0 & N_1 \end{bmatrix}$$

$$= \begin{bmatrix} K_s N_1^2 & 0 & K_s N_1 N_2 & 0 & -K_s N_1 N_2 & 0 & -K_s N_1^2 & 0 \\ 0 & K_n N_1^2 & 0 & K_n N_1 N_2 & 0 & -K_n N_1 N_2 & 0 & -K_n N_1^2 \\ K_s N_1 N_2 & 0 & K_s N_2^2 & 0 & -K_s N_2^2 & 0 & -K_s N_1 N_2 & 0 \\ 0 & K_n N_1 N_2 & 0 & K_n N_2^2 & 0 & -K_n N_2^2 & 0 & -K_n N_1 N_2 \\ -K_s N_1 N_2 & 0 & -K_s N_2^2 & 0 & K_s N_2^2 & 0 & K_s N_1 N_2 & 0 \\ 0 & -K_n N_1 N_2 & 0 & -K_n N_2^2 & 0 & K_n N_2^2 & 0 & K_n N_1 N_2 \\ -K_s N_1^2 & 0 & -K_s N_1 N_2 & 0 & K_s N_1 N_2 & 0 & K_s N_1^2 & 0 \\ 0 & -K_n N_1^2 & 0 & -K_n N_1 N_2 & 0 & K_n N_1 N_2 & 0 & K_n N_1^2 \end{bmatrix}$$

（5.20）

在 $[K] = \int_{-\frac{L}{2}}^{\frac{L}{2}} [B]^t[K][B]\mathrm{d}x$ 中只有 N_1、N_2 有积分变量，即

$$\int_{-\frac{L}{2}}^{\frac{L}{2}} N_1^2 \mathrm{d}x = \frac{1}{4}\int_{-\frac{L}{2}}^{\frac{L}{2}} \left(1 - \frac{2x}{L}\right)\mathrm{d}x = \frac{L}{3}$$

$$\int_{-\frac{L}{2}}^{\frac{L}{2}} N_2^2 \mathrm{d}x = \frac{1}{4}\int_{-\frac{L}{2}}^{\frac{L}{2}} \left(1 + \frac{2x}{L}\right)^2\mathrm{d}x = \frac{L}{3}$$

$$\int_{-\frac{L}{2}}^{\frac{L}{2}} N_1 N_2 \mathrm{d}x = \frac{1}{4}\int_{-\frac{L}{2}}^{\frac{L}{2}} \left(1 - \frac{4x^2}{L^2}\right)^2\mathrm{d}x = \frac{L}{6}$$

代入式（5.20），则可写成

$$[K] = \frac{1}{6}\begin{bmatrix} 2K_s & 0 & K_s & 0 & -K_s & 0 & -2K_s & 0 \\ 0 & 2K_n & 0 & K_n & 0 & -K_n & 0 & -2K_n \\ K_s & 0 & 2K_s & 0 & -2K_s & 0 & -K_s & 0 \\ 0 & K_n & 0 & 2K_n & 0 & -2K_n & 0 & -K_n \\ -K_s & 0 & -2K_s & 0 & 2K_s & 0 & K_s & 0 \\ 0 & -K_n & 0 & -2K_n & 0 & 2K_n & 0 & K_n \\ -2K_s & 0 & -K_s & 0 & K_s & 0 & 2K_s & 0 \\ 0 & -2K_n & 0 & -K_n & 0 & K_n & 0 & 2K_n \end{bmatrix}$$

（5.21）

这就是节理单元的弹性刚度矩阵。

当节理进入塑性状态时,许多作者假定层面屈服服从 Mohr- Coulomb 准则,

即

$$f = |\tau| + \sigma f + C = 0 \tag{5.22}$$

其弹塑性刚度矩阵，根据式（2.87）应为

$$[K]_{ep} = [K] - \frac{[K]\left\{\dfrac{\partial g}{\partial \sigma}\right\}\left\{\dfrac{\partial f}{\partial \sigma}\right\}^{\mathrm{T}}[K]}{A + \left\{\dfrac{\partial f}{\partial \sigma}\right\}^{\mathrm{T}}[K]\left\{\dfrac{\partial g}{\partial \sigma}\right\}^{\mathrm{T}}} \tag{5.23}$$

与 Mohr-Coulomb 准则相关联的流动法则 $g = f$。如果假定层面为理想塑性，则 $A = 0$。

将式（5.21）、式（5.22）代入式（5.23）得

$$\begin{Bmatrix} \mathrm{d}\tau \\ \mathrm{d}\sigma \end{Bmatrix} = \begin{bmatrix} K_{ss} & K_{sn} \\ K_{ns} & K_{nn} \end{bmatrix} \begin{Bmatrix} \mathrm{d}u \\ \mathrm{d}v \end{Bmatrix} \tag{5.24}$$

其中

$$\left. \begin{aligned} K_{ss} &= \frac{K_s K_n f^2}{H} \\ K_{nn} &= \frac{K_s K_n}{H} \\ K_{sn} &= K_{ns} = \frac{K_s K_n f}{H} \\ H &= K_s + K_n f^2 \end{aligned} \right\} \tag{5.25}$$

K_{sn}（K_{ns}）反映层面变形时的横向效应。在建立弹性刚度矩阵时，假定了薄层 τ_s 和 σ_n 只与 Δu 和 Δv 成正比，即无横向效应。在塑性阶段的横向效应是剪切塑性变形时的膨胀（或压缩）现象。

5.5　层状材料

层状材料是 Zienkiewlcz 提出来的，先把含有层面的介质按均匀弹性介质处理，计算出弹性应力场 $\{\sigma\}^e$，用层面上的强度与层面第一次计算应力 $\{\sigma\}^e$ 比较，并假定层面不能传递拉应力，可能得到三种结果。

（1）$\sigma_n > 0$，层面拉升，不传递应力。

（2）$\sigma_n < 0$，$\tau_s < f\sigma_n$，层面处于弹性状态，第一次计算结果即为其解。

（3）$\sigma_n > 0$，$\tau_s > f\sigma_n$，剪应力超过极限状态，实际上不可能，层面应力为

$$\{\sigma\} = \begin{Bmatrix} \sigma_n \\ \sigma_s \\ |f\sigma_n| \end{Bmatrix} \tag{5.26}$$

需要对计算值与实际应力状态之差值，即

$$\Delta\{\sigma\} = \{\sigma\}^e - \{\sigma\} \tag{5.27}$$

进行调整。

很明显，在应力调整时，按 $\Delta\{\sigma\} = \{\sigma\}^e - \{\sigma\}$ 进行，没有考虑材料的位移，是一种近似的方法。用这种方法计算层面上某一点上滑动开始和滑动以后的第一次应力再分布，所得到的应力值有一定的近似性。如果用这种办法去追逐层面的滑动破坏过程，逐次应力调整之后所积累的误差就比较大了，特别是层面相对错动量的误差比应力分布的误差更大。

层面中某点剪应力到达极限状态，层面脆性断裂（错动）时，错动之后错动面上产生应力降，即释放出能量，这部分能量主要有以下三个去向：

（1）克服层面上的黏结力。

（2）以应力波的形式向外传播。

（3）转移到错动部位的端部形成应力集中区。

Zienkiewicz 提出的应力迁移法，对滑裂面释放的应变能只考虑了第三个去向。

5.6 黏滑机制力学模型初步分析

层面剪切脆性破坏时层面产生应力降，滑动面剪切位移跳跃，变形和应变都不连续，相容条件被破坏，同时正应力也间断。

黏—滑过程是一个连续（初始闭合或弹性状态）→不连续（岩体滑动时一瞬间脱空）→连续（重新传递应力，围岩在新的应力状态下达到平衡，但是层间的相对错动是不可逆的）的过程。一条不连续面最终失稳以前黏—滑现象要反复发生多次。在整个过程中层面两侧的岩石处于弹性状态，只是在滑动面端点处岩石可能开裂或者产生塑性区。

实际上，两侧岩石对层面是一个有条件的约束，它的初始状态见图 5.3（a）。滑动过程和错动以后见图 5.3（b），传递剪应力的能力是各不相同的。

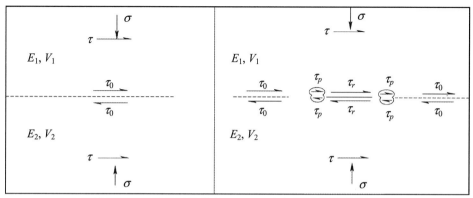

（a）不连续面滑动前的初始状态　　（b）不连续面滑动过程

图 5.3　不连续面的滑动

现在可以看到，不连续的黏-滑机制，可以归结为断裂力学问题。因为正应力 σ 对剪切破坏起作用，因此，仍用以下 Ⅰ 型和 Ⅱ 型描述。即

Ⅰ 型：

$$\begin{Bmatrix} \sigma_x \\ \sigma_y \\ \tau_{xy} \end{Bmatrix} = \frac{K_{\mathrm{I}}}{\sqrt{2\pi r}} \begin{bmatrix} \cos\dfrac{\theta}{2}\left(1 - \sin\dfrac{\theta}{2}\sin\dfrac{3\theta}{2}\right) \\[2mm] \cos\dfrac{\theta}{2}\left(1 + \sin\dfrac{\theta}{2} - \sin\dfrac{3\theta}{2}\right) \\[2mm] \cos\dfrac{\theta}{2}\sin\dfrac{\theta}{2}\cos\dfrac{3\theta}{2} \end{bmatrix} \tag{5.28}$$

$$\begin{Bmatrix} u \\ v \end{Bmatrix} = \frac{K_{\mathrm{I}}}{8G}\sqrt{\frac{2r}{\pi}} \begin{bmatrix} (2k-1)\cos\dfrac{\theta}{2} - \cos\dfrac{3\theta}{2} \\[2mm] (2k+1)\sin\dfrac{\theta}{2} - \sin\dfrac{3\theta}{2} \end{bmatrix} \tag{5.29}$$

其中

$$k = 3 - 4V$$

Ⅱ 型：

$$\begin{Bmatrix} \sigma_x \\ \sigma_y \\ \tau_{xy} \end{Bmatrix} = \frac{K_{\mathrm{II}}}{\sqrt{2\pi r}} \begin{bmatrix} \sin\dfrac{\theta}{2}\left(2 + \cos\dfrac{\theta}{2}\cos\dfrac{3\theta}{2}\right) \\[2mm] \cos\dfrac{\theta}{2}\sin\dfrac{\theta}{2}\cos\dfrac{3\theta}{2} \\[2mm] \cos\dfrac{\theta}{2}\left(1 - \sin\dfrac{\theta}{2}\sin\dfrac{3\theta}{2}\right) \end{bmatrix} \tag{5.30}$$

$$\begin{Bmatrix} u \\ v \end{Bmatrix} = \frac{K_{\mathrm{II}}}{8G}\sqrt{\frac{2r}{\pi}} \begin{bmatrix} (2k+3)\sin\dfrac{\theta}{2} + \sin\dfrac{3\theta}{2} \\[2mm] -(2k-3)\cos\dfrac{\theta}{2} - \cos\dfrac{3\theta}{2} \end{bmatrix} \tag{5.31}$$

其中

$$k = \frac{3 - v}{1 + v}$$

在一般断裂力学问题中，当外力增加时，缝端可能开裂或产生塑性区，或者先产生塑性区然后开裂。现在的问题中，又多了一种可能，即缝端沿层面继续向前开展。

参考文献

[1]　Hill E.塑性数学理论. 王仁，等译.北京：科学出版社，1966.

[2]　Goodman R E，et al.A model for the mechanics of jointed rock. J. of the Soil Mech. and Foundations，1968，94（BM3）：637-659.

[3] Zienkiewicz O C. The finite element method in engineering Science. MeGraw-Hill，1971.

[4] 陆家佑. 不均匀岩体力学模型研究. 水利水电科学研究院科学研究论文集（岩土工程第 20 集）.北京：水利电力出版社，1983.

第6章 岩体力学模型的建立

6.1 引言

岩体是最不均匀的介质之一。在地壳中，岩体的不均匀性由断层、层面、软弱夹层、节理、裂隙等不连续面造成。

这些不连续面使得岩体的力学性质十分复杂，在建立岩体力学模型时必须考虑它们。同时还要考虑被研究岩体范围的大小，处在不同的地质背景中，岩体的力学性质差别很大。岩体的力学性质可能分别呈各向同性弹性、各向异性弹性、弹塑性、流变性和脆性断裂。不均匀岩体的力学性质受应力历史、加载途径、应力水平和不连续面尺度的影响。岩块可能呈各向同性线弹性，稍大一些范围的岩体可能呈各向异性弹塑性。在坝基、拱坝坝肩和地下结构稳定分析中还要考虑断层、层面和软弱夹层等不连续面的影响。

岩体的力学性质是随机分布的。建立岩体统计力学模型，能够反映岩体中不连续面的存在，也是对不连续介质的"连续化"。统计力学模型是从许多局部去看整体。如果岩体内部的不均匀"点"高度无序排列，就可能用局部性质去代替整体性质，岩体就可以看成均匀介质。如果岩体中需要考虑的是少数几个较长的不连续面，或特殊部分的节理裂隙，建立统计力学模型就比较困难。对于这种情况需要对不连续面单独的处理。

因此，从根本上讲岩体应该建立统计力学模型。均匀模型和不连续模型是统计模型的两个极端。在工程实践中用得最多的也是把岩体力学性质典型化以后分别当均匀介质处理和个别不连续面处理。这样，固体力学的各个分支在岩体力学中就有了生命力。换句话说，许多岩体力学课题就可以纳入固体力学边值问题的轨道。

当今，结合地质背景，分析不连续面的特征，根据上述两种简化力学模型，引用经典固体力学处理岩石力学问题是否可行，其关键就在于对不连续面处理是否得当。这里还要考虑的另一个问题是岩体的受力情况，即修建工程之后，结构物是如何扰动岩体的，是加载还是卸载。研究的问题是分析岩体自己的应力状态（稳定性）还是分析岩体和结构物的相互关系。鉴于不均匀岩体力学性质的复杂性，不能考虑这些性质的全部，只能考虑岩体或者岩体与结构物联合作用时岩体的主要特征，建立尽可能简化的力学模型。凡是涉及岩体自己的稳定性时，如坝基、边坡和地下结构围岩稳定性，不连续面是首先破坏的地方，就必须考虑不连续面附近的应力状态。对于岩体与结构相互关系问题，根据二者之间变形相容条件计算结构应力，需要准确的计算岩体边界上的位移，岩体中不连续面引起的应力集中是次要问题，允许岩体内部应力计算存在误差，就可以根据岩体边界上的应力位移关系建立均匀力学模型，问题就得到简化。如压力隧洞衬砌与岩体联合作用属于这一类问题。反之，对于坝基稳定性这一类涉及岩体破坏的问题，把岩体简化成均匀、连续介质处理会造成较大的误差。对于岩体与结构相互关系问题，就不一定考虑不连续面上的应力集中和破坏。

基于岩体力学性质的随机性质，对于岩体力学性质的试验点数量应该很大，以便用统计理论从局部研究整体。对于某些特定的地质背景，或者对于处理岩体和结构相互关系问题，可以把试验尺寸相对地取得较大，使它能够包含该区域岩体的主要特性，这样就以该试验点的力学性质代表包括该试验点的区域岩体的整体力学性质。对于那些必须单个处理的不连续面还需要对它们进行力学性质试验。

6.2 两种力学状态

岩体的不均匀性有两层含义：一是小块岩石受矿物结晶与成岩过程中产生的微细裂隙的影响；二是岩体作为地质材料，其不均匀性是节理、裂隙、层面、软弱夹层、断层等地质现象造成的。

对于岩块，和经典固体力学一样，不考虑结晶和微裂隙，它就是宏观应力状态。微观应力状态才考虑结晶和微裂隙。

岩体力学感兴趣的是后一种不均匀性，为了便于讨论问题，借用"宏观"应力状态和"微观"应力状态等术语，但是它们的含义与固体力学中的含义完全不同。定义线尺寸与被研究物体（某种工程或岩体本身）具有同一量级的不均匀为"宏观"不均匀。例如在层状岩体或者有少数较大断层的岩体中分析边坡、坝基和地下结构稳定性，岩体就是"宏观"不均匀介质。岩体中存在的不贯穿的次一级节理、裂缝定义为"微观"不均匀性。

为了描述"宏观"应力状态和"微观"应力状态，分别对岩体取两种物理点。图 6.1 中的 V 点相当于常规原位试验的尺寸，在这个点上弹性常数为 a_{ij} 或 b_{ij}。W 点的弹性常数为 a_{ij}^0 或 b_{ij}^0，并且 $W \gg V$，$V \subset W$。W 上的性质即为整个岩体的力学性质（图 6.2)。ε 是岩体中一点邻域的尺寸。

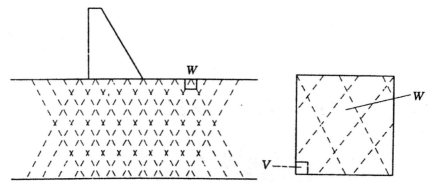

图 6.1　描述岩体应力的两种物理点

岩体的宏观弹性常数为

$$\left.\begin{aligned} a_{ij}^0 &= \lim_{\varepsilon \to W} a_{ij}^{(\varepsilon)} \\ b_{ij}^0 &= \lim_{\varepsilon \to W} b_{ij}^{(\varepsilon)} \end{aligned}\right\} \quad (i,j=1,2,\cdots,6) \qquad （6.1）$$

岩体的微观弹性常数为

$$\left.\begin{aligned} a_{ij} &= \lim_{\varepsilon \to V} a_{ij}^{(\varepsilon)} \\ b_{ij} &= \lim_{\varepsilon \to V} b_{ij}^{(\varepsilon)} \end{aligned}\right\} \quad (i,j=1,2,\cdots,6) \qquad （6.2）$$

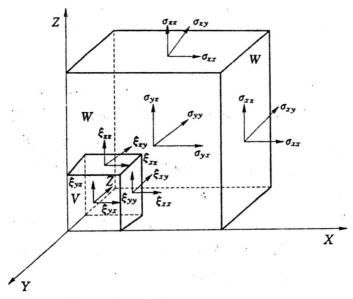

图 6.2　宏观应力状态与微观应力状态

岩体中的应力为

宏观应力

$$\sigma = \lim_{\varepsilon \to W} \frac{p}{\Delta F} \qquad (6.3)$$

微观应力

$$\xi = \lim_{\varepsilon \to V} \frac{p}{\Delta F} \qquad (6.4)$$

平均应力

$$s = \frac{p}{\Delta F} \qquad (\varepsilon > W) \qquad (6.5)$$

线弹性岩体应为微观不均匀岩体，如果 a_{ij}^0 或 b_{ij}^0 已知，且 a_{ij}^0 或 b_{ij}^0 是坐标的单值函数，可用边值问题求解 σ_i、e_i，其 ξ_i、ε_i、a_{ij}、b_{ij} 都是随机变量。线弹性的 Hooke 定律分别如下。

宏观应力为

$$\left. \begin{array}{l} \varepsilon_i = \displaystyle\sum_{j=1}^{6} a_{ij}^0 \sigma_j \\[2mm] \sigma_i = \displaystyle\sum_{j=1}^{6} b_{ij}^0 e_j \end{array} \right\} \qquad (i = 1, 2, \cdots, 6) \qquad (6.6)$$

或

微观应力为

$$\left. \begin{array}{l} \varepsilon_i = \displaystyle\sum_{j=1}^{6} a_{ij} \xi_j \\[2mm] \xi_i = \displaystyle\sum_{j=1}^{6} b_{ij} \varepsilon_j \end{array} \right\} \qquad (i = 1, 2, \cdots, 6) \qquad (6.7)$$

或

宏观应力与微观应力有如下关系（图 6.3）

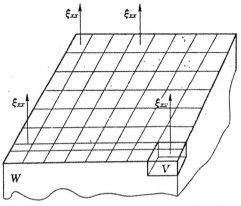

图 6.3 W 域和 y 点在 X 方向的应力

$$\sigma_{xx} = \frac{T}{F} = \sum_{(k)} \xi_{xx}^{(k)} \frac{f_k}{F}$$

式中　F——单元 W 上法线方向截面积；

　　　f——单元 V 的截面积，每个单元的面积相等；

　　　T——单元 W 上法线方向受力。

上式可改写成

$$\sigma_{xx} = \sum_{(k)} \xi_{xx}^{(k)} \frac{m_k}{N}$$

式中　N——V 点的总数；

　　　m_k——$\xi_{xx}^{(k)}$ 相同的单元个数。

当 $W \gg V$ 时，N 值很大，根据大数定律，微观应力 ε_{xx} 可以写成数学期望的形式，即

$$\sigma_{xx} = \overline{\xi}_{xx} \tag{6.8}$$

其余应力分量可以写成

$$\sigma_i = \overline{\xi}_i \qquad (i = 1, 2, \cdots, 6) \tag{6.9}$$

同理，岩体宏观应变和微观应变之间的关系为

$$e_i = \overline{\varepsilon}_i \qquad (i = 1, 2, \cdots, 6) \tag{6.10}$$

实用上，随机变量的分布可以由两个独立矩（一阶矩和二阶矩）决定的简单分布，常用正态分布。

微观不均匀十分不规律，最无序的随机变量分布具有最大的概率熵，可以是宏观各向同性的。线弹性各向同性岩体就是微观不均匀岩体。

工程实践中，有时原位岩体力学试验点的尺度大于 W，这就是平均应力状态试验，例如在直径较大的圆形隧洞中用水压法试验测量弹性常数 a_{ij}^0 或者利用隧洞施工时，把开挖过程当做一个大型应力解陈试验，测量岩体应力 σ_{ij}，这时把 a_{ij}^0 与 $\overline{a}_{ij}$ 和 σ_{ij} 与 $\overline{\xi}_{ij}$ 等同看待，而不研究 a_{ij} 和 ξ_{ij} 的随机分布函数，即当岩体的不连续面为高度无序排列时，可以按平均应力状态处理。

在以下两节中举例说明随机模型两种极端情况：一种为不连续面单独处理；另一种为把含有较小不连续面的岩体按均匀岩体处理。

6.3　岩体不连续力学状态

岩体受力进入塑性状态以后，首先在断层、层面和软弱夹层的界面上或节理、裂隙的端部出现塑性区，隧着外荷载的增加，塑性区将各自扩大，以致形

成若干片或者一个大的塑性区。它们把岩体假定为连续力学模型计算得到的塑性区不完全一致。

岩体的脆性破坏也是由节理、裂隙的缝端和断层、层面和软弱夹层中应力集中部位开始，随着外荷载继续增加，会有更多的不连续面破坏，或者沿某一不连续面一破到底。

根据模型试验，一个有两条软弱夹层（图 6.4 中的 II-5 和 C_n72）和一条断层（图 6.4 中的 F_4）的坝基，其破坏情况是沿 II-5 出现滑动，坝踵产生脆性断裂，坝趾产生挤压破碎带，C_n72 和 II-5 软弱夹层上分别在应力集中区出现剪切破坏。

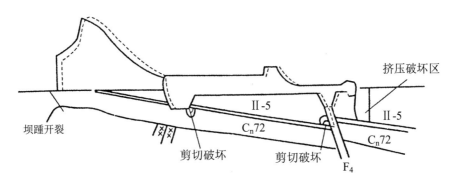

图 6.4　有软弱夹层和断层的坝基模型破坏情况

显然，这种不均匀岩体的破坏问题，计算应力场时，应该考虑到不连续面的存在，并且根据不同的破坏（塑性）机制建立屈服准则。

6.4　岩体连续力学状态

如果岩体中节理、裂隙发育，并且杂乱排列，这些不连续面上变形必然大于周围的岩石。在圆形隧洞水压法试验时，将有如下外力功与岩体应变能平衡方程为

$$\int_s F_i \delta u_i \mathrm{d}s = \int_{v-\Sigma} \xi_{ij} \delta \varepsilon_{ij} \mathrm{d}v + \int_\Sigma \varepsilon_{ij} \delta \varepsilon_{ij} \mathrm{d}v \tag{6.11}$$

式中　$V\text{-}\Sigma$——完整岩石体积，Σ 为不连续面的体积。

a_{ij} 和 b_{ij} 在 V 中的分布比较复杂。由 $F_i \sim \delta u_i$ 关系得到的 a_{ij}^0 和 b_{ij}^0，反映的是一个平均应力状态的连续力学模型。

当外力 F_i 继续增加，Σ 部分可能进入塑性状态，另有一部分 S_f 面产生脆性断裂见图 6.5，功能平衡关系为

$$\int_S F_i \delta u_i \mathrm{d}S = \int_{v-\Sigma} \xi_{ij} \delta \varepsilon_{ij} \mathrm{d}V + \int_\Sigma \xi_{ij} \delta \varepsilon_{ij} \mathrm{d}V - \int_{S_f} T_j \delta u_j \mathrm{d}S \tag{6.12}$$

　　右端第三项是断裂面释放的应变能。这时原位水压试验得到的 $F_i \sim \delta u_i$ 关系是非线性的，卸载之后有残余变形，见图 6.6。

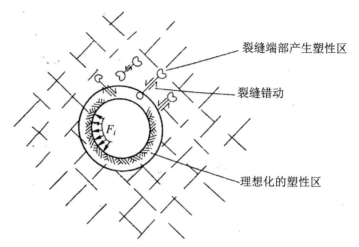

图 6.5　圆形孔口在力 F_i 作用下的理想化塑性区

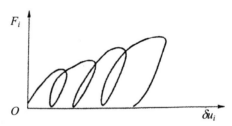

图 6.6　力 F_i 作用后孔口应力变形关系

　　由 $F_i \sim \delta u_i$ 关系可以建立一个平均应力状态的弹塑性连续力学模型，假定在圆形隧洞周围岩体中有一个理想化的塑性区（图 6.5），用这个力学模型计算岩体内部的应力分布，计算应力场与实际情况必然有出入，特别是某些不连续面端部附近，计算值与实际情况会有较大出入。但是，这种力学模型计算岩体边界位移，能够得到较好的结果，可以满足处理岩体与结构相互关系之需。

参考文献

[1] Волkoв С Д. 统计强度理论. 吴学蔺，译. 北京：科学出版社，1965.

[2] 陆家佑. 朱庄水库软弱夹层地基稳定分析中几个岩石力学问题的讨论. 水电建设参考资料（电力工业部水力发电建设总局编印），1980，2（28）.

[3] 陆家佑. 考虑岩体变形特性的圆形压力隧洞衬应力计算方法. 岩土工程学报，1982，4（1）.

[4] Lu Jiayou. The elastoplastic theory applied to pressure tunels. Rock Mechanics, Caverns and Pressure Shafts, ISRM Symposium, Edi. by Wittke Aachen. 1982.

第7章　各向异性岩体中压力隧洞衬砌应力计算

7.1　引言

水工压力隧洞在内水压力作用下，衬砌外围岩体与衬砌联合作用共同承受内水压力，这种作用在高水头压力作用时尤其重要。传统的圆断面压力隧洞衬砌计算理论的前提是岩体为各向同性线弹性介质。大量试验表明岩体性质复杂，除各向同性线弹性以外，还可能呈弹塑性、流变性，有的岩体还呈各向异性。

本章介绍各向异性弹性岩体中的衬砌应力计算方法，它不仅适用于圆断面，对椭圆断面也适用。原则上适用于任何形状断面。

7.2　基本方程

假定岩体在梁长范围内为各向同性，基岩在曲梁变形时产生的弹性反力 p 为衬砌断面位置的函数，即

$$p = p(x) \tag{7.1}$$

考虑曲率半径为 r 的变截面弹性地基曲梁 $\overset{\frown}{AB}$，取梁宽为1，符号的意义如图 7.1 所示。梁内任取一微分段，由平衡条件得

$$N = (p - q)\frac{\mathrm{d}x}{\mathrm{d}\varphi} - \frac{\mathrm{d}Q}{\mathrm{d}\varphi} \tag{7.2}$$

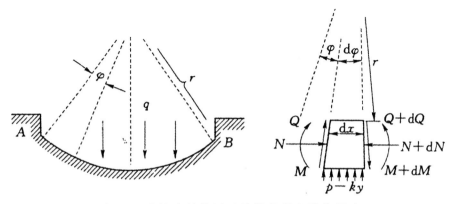

图 7.1　弹性地基曲梁及其微分段上的作用力

$$Q = \frac{dN}{d\varphi} \tag{7.3}$$

$$dM = Qrd\varphi \tag{7.4}$$

根据 $dx = rd\varphi$，消去 N 与 Q，得

$$\frac{d(p-q)}{dx} - \frac{1}{r^2}\frac{dM}{dx} - \frac{d^3M}{dx^3} = 0 \tag{7.5}$$

不考虑轴向力产生的轴向变形影响，有如下关系：

$$M = -EI\left(\frac{d^2y}{dx^2} + \frac{y}{r^2}\right) \tag{7.6}$$

式中　EI——曲梁的刚度，是梁轴的位置函数。

由式（7.5）与式（7.6）消去 M，就得到曲梁在弹性地基上一般的微分方程，即

$$\frac{d^5y}{dx^5} + f_1(x)\frac{d^4y}{dx^4} + f_2(x)\frac{d^3y}{dx^3} + f_3(x)\frac{d^2y}{dx^2} + f_4(x)\frac{dy}{dx} + f_5(x) = X \tag{7.7}$$

其中

$$\left.\begin{aligned}
f_1(x) &\equiv \frac{3}{I}\frac{dI}{dx} \\
f_2(x) &\equiv \frac{3}{I}\frac{d^2I}{dx^2} + \frac{2}{r^2} \\
f_3(x) &\equiv \frac{1}{I}\frac{d^3I}{dx^3} + \frac{4}{r^2I}\frac{dI}{dx} \\
f_4(x) &\equiv \frac{3}{r^2I}\frac{d^2I}{dx^2} + \frac{1}{r^4} \\
f_5(x) &\equiv \frac{1}{r^2I}\frac{d^3I}{dx^3} + \frac{1}{r^4I}\frac{dI}{dx} \\
X &\equiv -\frac{1}{EI}\frac{d(p-q)}{dx}
\end{aligned}\right\} \tag{7.8}$$

在实际问题中，这一变系数线性常微分方程满足边界条件的解法很多。特别因为 I 与 P 的变化均较简单、光滑，因而近似解法的收敛性是没有问题的。作为特例，当 I 为常数，采用 Winkler 假定，q 又是均布荷载，可以得到通常的基本微分方程为

$$\frac{d^5y}{dx^5} + \frac{2}{r^2}\frac{d^3y}{dx^3} + \left(\frac{k}{EI} + \frac{1}{r^4}\right)\frac{dy}{dx} = 0 \tag{7.9}$$

式中　k——地基弹性反力系数，kg/cm^3，在以下推导中取单位梁宽，因此，单位用 kg/cm^2。

作变量替换后，式（7.9）变为

$$\frac{\mathrm{d}^5 y}{\mathrm{d}\varphi^5} + 2\frac{\mathrm{d}^3 y}{\mathrm{d}\varphi^3} + \eta^2 \frac{\mathrm{d}y}{\mathrm{d}\varphi} = 0 \tag{7.10}$$

其中

$$\eta = \sqrt{\frac{r^4 k}{EI} + 1}$$

解微分方程式（7.10）即得弹性地基曲梁的一般积分，再由式（7.2）、式（7.3）和式（7.6）可以得到 M、Q、N 的表达式，即

$$\left.\begin{aligned}
y &= C_0 + (C_1 \mathrm{ch}\alpha\varphi + C_2 \mathrm{sh}\alpha\varphi)\cos\beta\varphi + (C_3 \mathrm{ch}\alpha\varphi + C_4 \mathrm{sh}\alpha\varphi)\sin\beta\varphi \\
M &= -\frac{EI}{r^2}\{C_0 - 2\alpha\beta[(C_1 \mathrm{sh}\alpha\varphi + C_2 \mathrm{ch}\alpha\varphi)\sin\beta\varphi - (C_3 \mathrm{sh}\alpha\varphi + C_4 \mathrm{ch}\alpha\varphi)\cos\beta\varphi]\} \\
Q &= 2\alpha\beta\frac{EI}{r^3}[\alpha C_1 + \beta C_4)\mathrm{ch}\alpha\varphi\sin\beta\varphi + (\beta C_1 - \alpha C_4)\mathrm{sh}\alpha\varphi\cos\beta\varphi + \\
&\quad (\alpha C_2 + \beta C_3)\mathrm{sh}\alpha\varphi\sin\beta\varphi + (\beta C_2 - \alpha C_3)\mathrm{ch}\alpha\varphi\cos\beta\varphi] \\
N &= r(kC_0 - q) + 2\alpha\beta\frac{EI}{r^3}[(C_1 \mathrm{ch}\alpha\varphi + C_2 \mathrm{sh}\alpha\varphi)\cos\beta\varphi - \\
&\quad (C_3 \mathrm{ch}\alpha\varphi + C_4 \mathrm{sh}\alpha\varphi)\sin\beta\varphi]
\end{aligned}\right\} \tag{7.11}$$

其中

$$\alpha \equiv \sqrt{\frac{\eta - 1}{2}}$$

$$\beta \equiv \sqrt{\frac{\eta + 1}{2}}$$

积分常数 C_i（$i = 0$，1，$\cdots$，4），可由具体问题的定解条件确定。

一般隧洞中 $\frac{r^4 k}{EI} \gg 1$，因此，可以令

$$\alpha = \beta = \sqrt[4]{\frac{r^4 k}{4EI}}$$

又因为隧洞变形远小于隧洞半径，可以令

$$\left.\begin{aligned}
M &= -\frac{EI}{r^2}\frac{\mathrm{d}^2 y}{\mathrm{d}\varphi^2} \\
Q &= -\frac{EI}{r^3}\frac{\mathrm{d}^3 y}{\mathrm{d}\varphi^3} \\
N &= r(ky - q) + \frac{EI}{r^3}\frac{\mathrm{d}^4 y}{\mathrm{d}\varphi^4}
\end{aligned}\right\} \tag{7.12}$$

最后得

$$
\left.
\begin{aligned}
y &= C_0 + (C_1 \operatorname{ch}\alpha\varphi + C_2 \operatorname{sh}\alpha\varphi)\cos\alpha\varphi + (C_3 \operatorname{ch}\alpha\varphi + C_4 \operatorname{sh}\alpha\varphi)\sin\alpha\varphi \\
\theta &= \frac{C_1\alpha}{r}(\operatorname{sh}\alpha\varphi\cos\alpha\varphi - \operatorname{ch}\alpha\varphi\sin\alpha\varphi) + \frac{C_2\alpha}{r}(\operatorname{ch}\alpha\varphi\cos\alpha\varphi - \operatorname{sh}\alpha\varphi\sin\alpha\varphi) + \\
&\quad \frac{C_3\alpha}{r}(\operatorname{sh}\alpha\varphi\sin\alpha\varphi + \operatorname{ch}\alpha\varphi\cos\alpha\varphi) + \frac{C_4\alpha}{r}(\operatorname{ch}\alpha\varphi\sin\alpha\varphi + \operatorname{sh}\alpha\varphi\cos\alpha\varphi) \\
M &= \frac{2EI\alpha^2}{r^2}(C_1\operatorname{sh}\alpha\varphi\sin\alpha\varphi + C_2\operatorname{ch}\alpha\varphi\sin\alpha\varphi - C_3\operatorname{sh}\alpha\varphi\cos\alpha\varphi - C_4\operatorname{ch}\alpha\varphi\cos\alpha\varphi) \\
Q &= \frac{2EI\alpha^2}{r^2}[C_1(\operatorname{ch}\alpha\varphi\sin\alpha\varphi + \operatorname{sh}\alpha\varphi\cos\alpha\varphi) + C_2(\operatorname{sh}\alpha\varphi\sin\alpha\varphi + \operatorname{ch}\alpha\varphi\cos\alpha\varphi) - \\
&\quad C_3(\operatorname{ch}\alpha\varphi\cos\alpha\varphi - \operatorname{sh}\alpha\varphi\sin\alpha\varphi) + C_4(\operatorname{sh}\alpha\varphi\cos\alpha\varphi - \operatorname{ch}\alpha\varphi\sin\alpha\varphi)] \\
N &= r(kC_0 - q) - \frac{4EI\alpha^4}{r^4}(C_1\operatorname{ch}\alpha\varphi\cos\alpha\varphi + C_2\operatorname{sh}\alpha\varphi\cos\alpha\varphi - \\
&\quad C_3\operatorname{ch}\alpha\varphi\sin\alpha\varphi - C_4\operatorname{sh}\alpha\varphi\sin\alpha\varphi)
\end{aligned}
\right\}
\tag{7.13}
$$

7.3　三个特例

现在先计算弹性地基曲梁在均匀压力、单位剪力和单位弯矩作用下的三个特例，它们在今后的计算中非常重要。后两种情况所计算的曲梁分段中 φ 角为 $\pi/4$。$\alpha \geqslant 3$ 时，即可以令

$$
\operatorname{sh}\alpha\varphi = \operatorname{ch}\alpha\varphi
$$

7.3.1　均匀压力作用下的各向同性圆环

（1）边界条件为

$$
Q = 0 \tag{7.14}
$$

因为

$$
\varepsilon_0 = \frac{y}{r}
$$

以及

$$
N = EF\varepsilon_0
$$

式中　F——曲梁横截面面积。

因此

$$
N = \frac{EFy}{r} \tag{7.15}
$$

（2）积分常数为

$$
\left.
\begin{aligned}
C_0 &= \frac{q}{\dfrac{EF}{r^2} + k} \\
C_1 &= C_2 = C_3 = C_4 = 0
\end{aligned}
\right\}
\tag{7.16}
$$

（3）计算公式为

$$y^q = \frac{q}{\dfrac{EF}{r^2} + k}$$

$$N^q = -qr\left(\frac{EF}{EF + kr^2}\right)$$

$$\theta^q = M^q = Q^q = 0$$

$$(7.17)$$

式中　上标 q——该数值是在均匀压力 q 作用下产生。

7.3.2　端点作用单位剪力，$\varphi = \pi/4$ 的曲梁

端点作用单位剪力的曲梁见图 7.2。

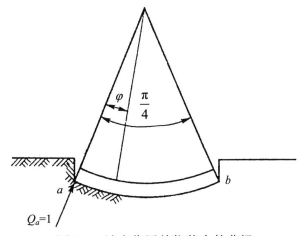

图 7.2　端点作用单位剪力的曲梁

（1）边界条件为

$$\left.\begin{array}{l} M_a = 0, \quad M_b = 0 \\ Q_a = 1, \quad Q_b = 0 \\ N_a = 0 \end{array}\right\}$$

$$(7.18)$$

（2）积分常数为

$$\left.\begin{array}{l} C_0 = -\dfrac{2a}{kr} \\[2mm] C_1 = -\dfrac{r^3}{2EI\alpha^3} \\[2mm] C_2 = \dfrac{r^3}{2EI\alpha^3} \\[2mm] C_3 = C_4 = 0 \end{array}\right\}$$

$$(7.19)$$

（3）计算公式为

$$y^Q = -\frac{2a}{kr} - \frac{r^3}{2EI\alpha^3} e^{-\alpha\varphi} \cos\alpha\varphi$$

$$\theta^Q = \frac{r^2}{2EI\alpha^2} e^{-\alpha\varphi}(\cos\alpha\varphi + \sin\alpha\varphi)$$

$$M^Q = \frac{r}{\alpha} e^{-\alpha\varphi} \sin\alpha\varphi \qquad\qquad (7.20)$$

$$Q^Q = e^{-\alpha\varphi}(\cos\alpha\varphi - \sin\alpha\varphi)$$

$$N^Q = -2\alpha + 2\alpha e^{-\alpha\varphi} \cos\alpha\varphi$$

式中　上标 Q——该项数值是由单位剪力 Q 产生。

7.3.3　端点作用单位弯矩，$\varphi = \pi/4$ 的曲梁

端点作用单位弯矩的曲梁见图 7.3。

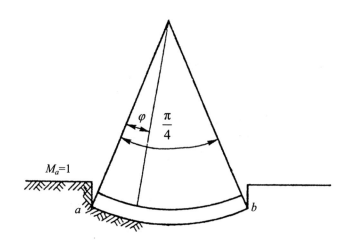

图 7.3　端点作用单位弯矩的曲梁

（1）边界条件为

$$\begin{aligned} M_a = 1, \quad M_b = 0 \\ Q_a = 0 \\ N_a = 0, \quad N_b = 0 \end{aligned} \qquad (7.21)$$

（2）积分常数为

$$\begin{aligned} C_0 = \frac{2\alpha^2}{kr^2} \\ C_1 = -C_2 = -C_3 = C_4 = \frac{r^2}{2EI\alpha^2} \end{aligned} \qquad (7.22)$$

（3）计算公式为

$$
\left.
\begin{aligned}
y^M &= \frac{2a^2}{kr^2} + \frac{r^2}{2EI\alpha^2} \mathrm{e}^{-\alpha\varphi}(\cos\alpha\varphi - \sin\alpha\varphi) \\
\theta^M &= -\frac{r}{EI\alpha} \mathrm{e}^{-\alpha\varphi} \cos\alpha\varphi \\
M^M &= -\mathrm{e}^{-\alpha\varphi}(\cos\alpha\varphi + \sin\alpha\varphi) \\
Q^M &= \frac{2\alpha}{r} \mathrm{e}^{-\alpha\varphi} \sin\alpha\varphi \\
N^M &= \frac{2\alpha^2}{r} - \frac{2\alpha^2}{2} \mathrm{e}^{-\alpha\varphi}(\cos\alpha\varphi + \sin\alpha\varphi)
\end{aligned}
\right\}
\qquad (7.23)
$$

式中　上标 M——该项数值由单位弯矩 M 产生。

7.4 圆形压力隧洞衬砌应力分析

根据试验洞水压试验结果,各向异性岩体中的圆形隧洞在均匀荷载作用下,其径向变形接近对称, 如图 7.4 所示。

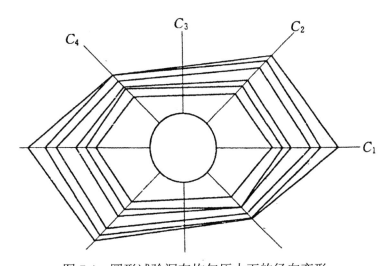

图 7.4　圆形试验洞在均匀压力下的径向变形

根据变形对称性质, 可以把圆形隧洞等分成八段（更多或更少, 视隧洞规模、各向异性程度以及所需的计算精度而定）。每一段中的弹性反力系数为平均常数, 它可以由隧洞水压试验结果直接确定。八段曲梁的刚度可以互不相同, 但是每一段内都是等刚度梁。现在, 八个分段中有三个等刚度梁, 并且是对称的, 仅取其中任一象限进行计算即可（图 7.5）。于是, 问题简化为只要用端点②和③的连续条件就可以计算弯矩、剪力, 然后进行次应力分配, 最后得到衬砌应力计算近似解。

由点②与③的连续性, 得如下矩阵

$$
\begin{bmatrix}
y_{12}^Q + y_{22}^Q & y_{23}^Q & y_{12}^M + y_{22}^M & y_{23}^M \\
y_{32}^Q & y_{33}^Q + y_{43}^Q & y_{32}^M & y_{33}^M + y_{43}^M \\
\theta_{12}^Q + \theta_{22}^Q & \theta_{23}^Q & \theta_{12}^M + \theta_{22}^M & \theta_{23}^M \\
\theta_{32}^Q & y_{33}^Q + y_{43}^Q & \theta_{32}^M & \theta_{33}^M + \theta_{43}^M
\end{bmatrix}
\begin{bmatrix}
Q_2 \\ Q_3 \\ M_2 \\ M_3
\end{bmatrix}
=
\begin{bmatrix}
y_2^q \\ y_3^q \\ 0 \\ 0
\end{bmatrix}
\tag{7.24}
$$

式中　上标 Q、M 及 q——由单位剪力、单位弯矩和内水压力 q 产生的该项数值；

下标 ij——点 i 作用的力在 j 点的变形。

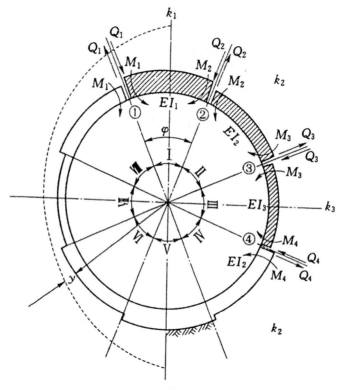

图 7.5　圆形隧洞衬砌分段

式（7.24）中考虑了从图 7.5 得到的如下关系

$$
\left.
\begin{array}{l}
Q_1 = Q_2, \quad Q_3 = Q_4 \\
M_1 = M_2, \quad M_3 = M_4
\end{array}
\right\}
\tag{7.25}
$$

只要把式（7.17）、式（7.20）、式（7.23）中的 k 和 EI 代以各分段的数值，即可得到各项形常数和载常数。注意当 $\alpha\varphi \geqslant 3$ 时，可以认为

$$
\left.
\begin{array}{l}
\mathrm{e}^{-\alpha\varphi}(\cos\alpha\varphi + \sin\alpha\varphi) \cong 0 \\
\mathrm{e}^{-\alpha\varphi}(\cos\alpha\varphi - \sin\alpha\varphi) \cong 0 \\
\mathrm{e}^{-\alpha\varphi}\cos\alpha\varphi \cong 0
\end{array}
\right\}
\tag{7.26}
$$

因此，式（7.24）可以写成

$$\begin{bmatrix} y_{12}^Q + y_{22}^Q & y_{23}^Q & y_{12}^M + y_{22}^M & y_{23}^M \\ y_{32}^Q & y_{33}^Q + y_{43}^Q & y_{32}^M & y_{33}^M + y_{43}^M \\ \theta_{22}^Q & 0 & \theta_{22}^M & 0 \\ 0 & \theta_{33}^Q & 0 & \theta_{33}^M \end{bmatrix} \begin{bmatrix} Q_2 \\ Q_3 \\ M_2 \\ M_3 \end{bmatrix} = \begin{bmatrix} y_2^q \\ y_3^q \\ 0 \\ 0 \end{bmatrix} \qquad （7.27）$$

其中

$$\left. \begin{aligned} y_{12}^Q + y_{22}^Q &= \frac{2}{r}\left(\frac{\alpha_2}{k_2} - \frac{2\alpha_1}{k_1} \right) + \frac{r^3}{2E}\left(\frac{1}{I_2\alpha_2^3} - \frac{1}{I_1\alpha_1^3} \right) \\ y_{23}^Q + y_{32}^Q &= \frac{2\alpha_2}{k_2 r} \\ y_{33}^Q + y_{43}^Q &= \frac{2}{r}\left(\frac{\alpha_2}{k_2} - \frac{2\alpha_3}{k_3} \right) + \frac{r^3}{2E}\left(\frac{1}{I_2\alpha_2^3} - \frac{1}{I_3\alpha_3^3} \right) \end{aligned} \right\} \qquad （7.28）$$

$$\left. \begin{aligned} y_{12}^M + y_{22}^M &= \frac{2}{r^2}\left(\frac{2\alpha_2^2}{k_2} - \frac{\alpha_1^2}{k_1} \right) + \frac{r^2}{2E}\left(\frac{1}{I_2\alpha_2^2} + \frac{1}{I_1\alpha_1^2} \right) \\ y_{23}^M &= y_{32}^M = \frac{2\alpha_2^2}{k_2 r^2} \\ y_{33}^M + y_{43}^M &= \frac{2}{r^2}\left(\frac{\alpha_2^2}{k_2} + \frac{2\alpha_3^2}{k_3} \right) + \frac{r^2}{2E}\left(\frac{1}{I_2\alpha_2^2} + \frac{1}{I_3\alpha_3^2} \right) \end{aligned} \right\} \qquad （7.29）$$

$$\left. \begin{aligned} \theta_{22}^Q &= \frac{r^2}{2E}\left(\frac{1}{I_1\alpha_1^2} + \frac{1}{I_2\alpha_2^2} \right) \\ \theta_{33}^Q &= \frac{r^2}{2E}\left(\frac{1}{I_2\alpha_2^2} + \frac{1}{I_3\alpha_3^2} \right) \end{aligned} \right\} \qquad （7.30）$$

$$\left. \begin{aligned} \theta_{22}^Q &= \frac{r}{E}\left(\frac{1}{I_2\alpha_2} - \frac{1}{I_1\alpha_1} \right) \\ \theta_{33}^Q &= \frac{r}{E}\left(\frac{1}{I_3\alpha_3} - \frac{1}{I_1\alpha_1} \right) \end{aligned} \right\} \qquad （7.31）$$

$$\left. \begin{aligned} y_2^q &= q\left(\frac{1}{\dfrac{EF_1}{r^2} + k_1} - \frac{1}{\dfrac{EF_2}{r^2} + k_2} \right) \\ y_3^q &= q\left(\frac{1}{\dfrac{EF_2}{r^2} + k_2} - \frac{1}{\dfrac{EF_3}{r^2} + k_3} \right) \end{aligned} \right\} \qquad （7.32）$$

解得 Q_2、Q_3、M_2 和 M_3 后，根据式（7.17）、式（7.20）、式（7.23）就得到衬砌各段的内力计算公式。

7.4.1　第Ⅰ段内

第Ⅰ段内有

$$\begin{bmatrix} N \\ M \end{bmatrix} = \begin{bmatrix} -qr\left(\dfrac{EF}{EF_1+k_1r^2} \right) & -2\alpha_1(2-D_{\alpha_1\varphi}-D_{\alpha_1\psi}) & \dfrac{2\alpha_1^2}{r}(2-A_{\alpha_1\varphi}+A_{\alpha_1\psi}) \\ 0 & \dfrac{r}{\alpha_1}(B_{\alpha_1\varphi}+B_{\alpha_1\psi}) & -(A_{\alpha_1\varphi}+A_{\alpha_1\psi}) \end{bmatrix} \begin{bmatrix} 1 \\ Q_2 \\ M_2 \end{bmatrix} \quad (7.33)$$

7.4.2　第Ⅱ段内

第Ⅱ段内有

$$\begin{bmatrix} N \\ M \end{bmatrix} = \begin{bmatrix} -qr\left(\dfrac{EF_2}{EF_2+k_2r^2} \right) & 2\alpha_{2\varphi} & 2\alpha_2(1-D_{\alpha_2\psi}) & \dfrac{2\alpha_2^2}{r}(1-A_{\alpha_2\varphi}) & -\dfrac{2\alpha_2^2}{r}(1-A_{\alpha_2\psi}) \\ 0 & -\dfrac{r}{\alpha_2}B_{\alpha_2\varphi} & -\dfrac{r}{\alpha_2}B_{\alpha_2\psi} & -A_{\alpha_2\varphi} & -A_{\alpha_2\psi} \end{bmatrix} \begin{bmatrix} 1 \\ Q_2 \\ Q_3 \\ M_2 \\ M_3 \end{bmatrix}$$

$$(7.34)$$

式（7.33）和式（7.34）中 $\psi=\dfrac{\pi}{4}-\varphi$。

7.4.3　第Ⅲ段内

第Ⅲ段内解的形式与第Ⅰ段完全一致，只需把第Ⅰ段内的几何参数和力学参数换以第Ⅲ段的即可。

其中 φ 在每一段中均以顺时针方向为正。符号 A_x、B_x、C_x、D_x 分别是

$$A_x = \mathrm{e}^{-x}(\cos x+\sin x)$$

$$B_x = \mathrm{e}^{-x}\sin x$$

$$C_x = \mathrm{e}^{-x}(\cos x-\sin x)$$

$$D_x = \mathrm{e}^{-x}\cos x$$

从图 7.6 可以看出，当 $x \geqslant 3$ 时，它们很快收敛于零。

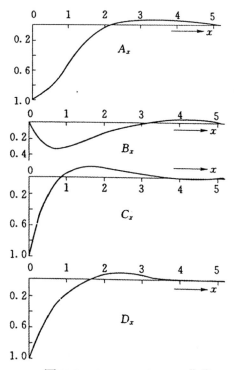

图 7.6　A_x、B_x、C_x、D_x 曲线

7.5 岩石流变性质的影响

上述弹性反力系数不能全面反映岩石的反力。现场原位试验发现，各向异性岩体流变之后，各向异性性质有的缓和有的更为突出。因此，在压力隧洞设计中是否考虑岩石的流变性质，须以试验资料作依据。

当内水压力不变时，岩石流变所产生的变形随时间增加，变形速度随时间降低，变形逐渐稳定。如图 7.7 所示的三元件模型是反映这一流变性质的最简单模型，其本构方程为

$$\frac{k_\mathrm{I}\eta}{k_\mathrm{I}k_\mathrm{II}}\dot{y}+\frac{k_\mathrm{I}k_\mathrm{II}}{k_\mathrm{I}+k_\mathrm{II}}y=\sigma+\frac{\eta}{k_\mathrm{I}+k_\mathrm{II}}\dot{\sigma} \tag{7.35}$$

式中　η ——岩体的黏滞系数。

式（7.35）的解为

$$y=\frac{\sigma_0}{k_\mathrm{I}}+\frac{\sigma_0}{k_\mathrm{II}}(1-\mathrm{e}^{\frac{k_\mathrm{II}}{\eta}t}) \tag{7.36}$$

当 $t=0$ 时，得瞬时弹性反力系数为

$$k=k_\mathrm{I} \tag{7.37}$$

当 $t=\infty$ 时，得流变以后的长期反力系数为

$$k=\frac{k_\mathrm{I}k_\mathrm{II}}{k_\mathrm{I}+k_\mathrm{II}} \tag{7.38}$$

当设计中需要考虑长期变形时，必须用变形稳定后的反力系数 $k=\dfrac{k_\mathrm{I}k_\mathrm{II}}{k_\mathrm{I}+k_\mathrm{II}}$。

在实际设计中，反力系数 k 可由变形试验中的变形长期稳定值确定。

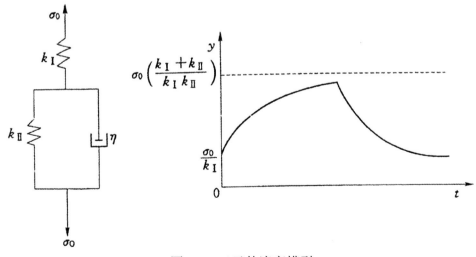

图 7.7　三元件流变模型

7.6　算例

层状岩体中一圆形压力隧洞，按图 7.5 所示，分成八段，取其中三段，即 I、II、III 三段，岩体的弹性反力系数分别为 $k_1=7\times10^6$Pa、$k_2=16\times10^6$Pa、$k_3=21\times10^6$Pa。

隧洞几何尺寸：开挖半径为 15m，内半径为 14m，中性半径为 14.5m，衬砌厚度为 1m。

衬砌材料弹性常数为 $E=2\times10^{10}$ Pa。

衬砌承受的最大内水压力为 10^6 Pa。

计算结果得到三段的轴向力与节点 2 和 3 的弯矩和剪力分别为

$$N_1 = -1302.3\text{t}$$
$$N_2 = -1190\text{t}, \quad M_2 = -1.45\text{t}\cdot\text{m}, \quad Q_2 = 0.07\text{t}$$
$$N_3 = -1156.4\text{t}, \quad M_3 = -1.02\text{t}\cdot\text{m}, \quad Q_3 = 0.06\text{t}$$

可以看到，N_1 与 N_3 相差 12.6%，节点 2 和 3 的弯矩相差达 30%，各向异性的影响是明显的。

参考文献

[1] Heteny M. Beams on Elastic Foundation, 5th printing. The University of Michigan Press, 1958.

[2] 金汉平. 岩石变形的特性及其时间因素. 力学，1976（4）.

[3] Lu Jiayou, Guo Youzhong. Stress analysis of elliptic cross section pressure tunnel. Proc. of Inter. Symp. on Tunnelling for Water Resources and Power Projects. New Delhi, India, 1988.

[4] 陆家佑，郭友中. 各向异性岩体中压力隧洞衬砌应力计算. 水利水电科学研究院科学论文集. 北京：水利电力出版社，1985（27）.

第8章 弹塑性岩体中圆形压力隧洞衬砌应力计算

8.1 引言

水工圆形压力隧洞衬砌应力计算，假定岩体是弹性体，这与岩石变形特性不完全相符。大量试验发现岩体在反复加载、卸载过程中残余变形突出，图 8.1 是典型的应力—应变曲线。

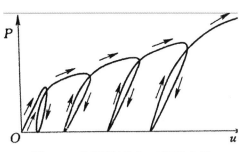

图 8.1 典型的应力—变形曲线

目前，在设计工作中，对于计算理论与岩体的物性关系之间的不一致，采用简化物性关系的办法去适应计算理论。有两种处理方法：第一种方法是不考虑应力水平如何，一概取弹性模量，或取 Winkler 假定的弹性反力系数（对于圆形隧洞，二者之间可以相互换算）；第二种方法是取某一应力下的割线模量（它包括弹性变形和塑性变形，岩体力学中定义为变形模量），或相应地把弹性反力系数定义为变形反力系数。在一些情况下，第一种方法偏于不安全；而在另一些情况下，第二种方法又偏于保守，这两种方法确定的变形参数用于设计，计算值都有误差。更不能用于计算压力隧洞放空以后岩体的残余变形和应力，或计算混凝土衬砌与岩体之间是否脱开，而这一点有时却是需要知道的。

本章根据岩体变形曲线建立计算方法。许多岩体变形曲线为折线形式或者近似折线。根据应力—变形曲线上的相似，按塑性理论线性强化处理（图 8.2 和图 8.3）。

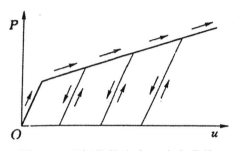

图 8.2 理想化的应力—应变曲线

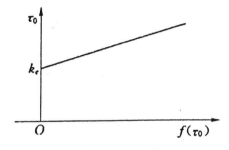

图 8.3 屈服以后线性强化应力—应变关系

8.2　岩体的应力应变关系

假定岩体屈服服从 Mises 准则，用正八面体剪应力表示为

$$k = \frac{\sqrt{6}}{2}\tau_0 \tag{8.1}$$

其中

$$\tau_0 = \frac{1}{3}\sqrt{(\sigma_1 - \sigma_2)^2 + (\sigma_2 - \sigma_3)^2 + (\sigma_3 - \sigma_1)^2} \tag{8.2}$$

塑性应变增量与应力增量的关系为

$$\left.\begin{array}{l} \mathrm{d}\varepsilon_x^p = \dfrac{F(\tau_0)}{3\tau_0}\left[\sigma_x - \dfrac{1}{2}(\sigma_y + \sigma_z)\right]\mathrm{d}\tau_0 \\ \cdots \\ \mathrm{d}\gamma_{xz}^p = \dfrac{F(\tau_0)}{\tau_0}\tau_{xz}^p\mathrm{d}\tau_0 \end{array}\right\} \tag{8.3}$$

$$F(\tau_0) = f'(\tau_0) \tag{8.4}$$

线性强化应力应变关系为

$$f(\tau_0) = \frac{\tau_0 - k_e}{N} \qquad (\tau_0 \geqslant k_e) \tag{8.5}$$

8.3　均匀内压力作用的圆形孔口弹塑性应力分析

在均匀内压力作用下，压力达到一定数值，孔口周围产生塑性区，塑性区仍为圆形，塑性半径为 t。

塑性区内的变形包括弹性变形和塑性变形，这里以文献中泊松比 $\upsilon = \frac{1}{2}$ 成立的公式用到塑性区内的弹性变形部分，而在以后的计算中仍以 $\upsilon \neq \frac{1}{2}$ 代入，这样问题就得到简化，便于计算。因为只影响到塑性区中的弹性变形部分，所以，在实用中不致造成过大误差。

对于平面应变问题，如果 $\upsilon = \frac{1}{2}$，则柱坐标表示的正八面体剪应力为

$$\tau_0 = \frac{\sigma_\theta - \sigma_r}{\sqrt{6}} \tag{8.6}$$

根据 Hooke 定律和式（8.6），塑性区内弹性应变为

$$\varepsilon_r^e = \frac{1+\upsilon}{E}[(1-2\upsilon)\sigma_r - \upsilon\sqrt{6}\tau_0] \tag{8.7}$$

$$\varepsilon_\theta^e = \frac{1+\upsilon}{E}[(1-2\upsilon)\sigma_r + (1-\upsilon)\sqrt{6}\tau_0] \tag{8.8}$$

塑性应力增量与应变增量的关系为

$$\mathrm{d}\varepsilon_r^p = \frac{F(\tau_0)}{4\tau_0}(\sigma_r - \sigma_\theta)\mathrm{d}\tau_0 \tag{8.9}$$

由式（8.4）、式（8.6）、式（8.9）得塑性应变

$$\varepsilon_r^p = -\frac{\sqrt{6}}{4}f(\tau_0) \tag{8.10}$$

同理

$$\varepsilon_\theta^p = \frac{\sqrt{6}}{4}f(\tau_0) \tag{8.11}$$

塑性区总应变为

$$\frac{\mathrm{d}u}{\mathrm{d}r} = \varepsilon_r = \frac{(1+\upsilon)}{E}[(1-2\upsilon)\sigma_r - \upsilon\sqrt{6}\tau_0] - \frac{\sqrt{6}}{4}f(\tau_0) \tag{8.12}$$

$$\frac{u}{r} = \varepsilon_\theta = \frac{(1+\upsilon)}{E}[(1-2\upsilon)\sigma_r + (1-\upsilon)\sqrt{6}\tau_0] + \frac{\sqrt{6}}{4}f(\tau_0) \tag{8.13}$$

对式（8.13）微分、并与式（8.12）比较，得

$$-\frac{\sqrt{6}(1+\upsilon)\tau_0}{E} = \frac{(1+\upsilon)}{E}\left[(1-2\upsilon)r\frac{\mathrm{d}\sigma_r}{\mathrm{d}r} + \sqrt{6}(1-\upsilon)r\frac{\mathrm{d}\tau_0}{\mathrm{d}r}\right] + \frac{\sqrt{6}}{4}\left[2f(\tau_0) + r\frac{\mathrm{d}f(\tau_0)}{\mathrm{d}r}\right] \tag{8.14}$$

根据式（8.6），平衡方程式可以写成

$$\frac{\mathrm{d}\sigma_r}{\mathrm{d}r} = \frac{\sqrt{6}\tau_0}{r} \tag{8.15}$$

把式（8.5）、式（8.15）代入式（8.14），得

$$r\frac{\mathrm{d}\tau_0}{\mathrm{d}r} + 2\tau_0 - \frac{2k_e E}{4N(1-\upsilon^2)+E} = 0 \tag{8.16}$$

微分方程式（8.16）的解为

$$\tau_0 = \frac{D}{r^2} + \beta \tag{8.17}$$

其中 D 为积分常数，而

$$\beta = \frac{k_e E}{4N(1-\upsilon^2)+E} \tag{8.18}$$

由式（8.15）、式（8.17）得

$$\frac{\mathrm{d}\sigma_r}{\mathrm{d}r} = \sqrt{6}\left(\frac{D}{r^3} + \frac{\beta}{r}\right) \tag{8.19}$$

积分式（8.19）得

$$\sigma_r = -\frac{\sqrt{6}D}{2r^2} + \sqrt{6}\beta\ln r + C \tag{8.20}$$

由式（8.6），即

$$\sigma_\theta = \frac{\sqrt{6}D}{2r^2} + \sqrt{6}\beta(1+\ln r) + C \tag{8.21}$$

边界条件为（图 8.4）

$$\left.\begin{array}{l} r = \infty \Rightarrow \sigma_r = 0 \\ r = b \ \Rightarrow \sigma_r = -P_0 \\ r = t \ \Rightarrow \sigma_\theta - \sigma_r = \sqrt{6}k_e \\ r = t \ \Rightarrow \sigma_r = \dfrac{AE}{(1+\upsilon)(1-2\upsilon)} - \dfrac{BE}{(1+\upsilon)t^2} \end{array}\right\} \quad （8.22）$$

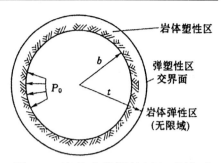

图 8.4　岩体中的塑性区与弹性区

由式（8.20）～式（8.22）解出 A、B、C、D，得边界力 P_0 与塑性半径 t 的关系为

$$P_0 = \sqrt{6}\left[(k_e - \beta)\frac{t^2}{2b^2} + \beta\left(\frac{1}{2} + \ln\frac{t}{b}\right) \right] \quad （8.23）$$

塑性区（$b \leqslant r \leqslant t$）内应力为

$$\sigma_r = -\frac{\sqrt{6}}{2}t^2\left(\frac{k_e - \beta}{r^2}\right) - \sqrt{6}\beta\left(\frac{1}{2} + \ln\frac{r}{t}\right) \quad （8.24）$$

$$\sigma_\theta = \frac{\sqrt{6}}{2}t^2\left(\frac{k_e - \beta}{r^2}\right) + \sqrt{6}\beta\left(\frac{1}{2} + \ln\frac{r}{t}\right) \quad （8.25）$$

正八面体剪应力为

$$\tau_0 = (k_e^t - \beta)\frac{t^2}{r^2} + \beta \quad （8.26）$$

弹性区（$t \leqslant r < \infty$）内应力、变形分别为

$$\sigma_r = -\frac{\sqrt{6}k_e t^2}{2r^2} \quad （8.27）$$

$$\sigma_\theta = \frac{\sqrt{6}k_e t^2}{2r^2} \quad （8.28）$$

$$u = \frac{(1+\upsilon)\sqrt{6}k_e t^2}{2Er} \quad （8.29）$$

现在要求塑性区变形，由

$$\frac{\mathrm{d}u}{\mathrm{d}r} + \frac{u}{r} = \frac{(1+\upsilon)(1-2\upsilon)}{E}(2\sigma_r + \sqrt{6}\tau_0) \quad （8.30）$$

将式（8.24）、式（8.26）代入式（8.30），得

$$\frac{\mathrm{d}u}{\mathrm{d}r} + \frac{u}{r} = \frac{2\sqrt{6}(1+\upsilon)(1-2\upsilon)\beta}{E}\ln\frac{r}{t} \quad （8.31）$$

以弹性区与塑性区边界上变形连续为微分方程式（8.31）的定解条件，解得

$$u = \frac{\sqrt{6}(1+\upsilon)k_e t^2}{2Er} + \frac{(1+\upsilon)(1-2\upsilon)}{E}\left[\sqrt{6}\beta r\ln\frac{r}{t} + \frac{\sqrt{6}}{2}\beta\left(\frac{t^2}{r} - r\right) \right] \quad （8.32）$$

8.4 隧洞衬砌应力计算

衬砌在内水压力 P_i 作用下与岩体联合作用，它们之间的接触径向应力为 P_0，衬砌就是在均匀内水压力 P_i 和外压力 P_0 作用下的弹性厚壁圆管（图 8.5）。

当 $r = b$ 时，岩壁变形为

$$u_b = \frac{\sqrt{6}(1+\upsilon)k_e t^2}{2Eb} + \frac{(1+\upsilon)(1-2\upsilon)}{E} \times$$

$$\left[\frac{\sqrt{6}}{2}\beta\left(\frac{t^2}{b} - b\right) + \sqrt{6}\beta b \ln\frac{b}{t} \right] \quad (8.33)$$

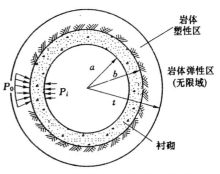

图 8.5 衬砌与岩体联合作用

当 $r = b$ 时，衬砌变形为

$$u_b = \frac{(1+\upsilon_0)b}{E_0(b^2 - a^2)}[(1-2\upsilon_0)(P_i a^2 - P_0 b^2) - a^2(P_0 - P_i)] \quad (8.34)$$

式中　E_0、υ_0——衬砌的弹性模量和泊松比。

解式（8.33）、式（8.34）得

$$P_0 = \frac{2P_i(1-\upsilon_0)a^2}{(1-2\upsilon_0)b^2 + a^2} - \frac{\sqrt{6}E_0(1+\upsilon)(1-a^2/b^2)}{E(1+\upsilon_0)[(1-2\upsilon_0)b^2 + a^2]} \times \left\{ \frac{k_e t^2}{2} - \frac{1-2\upsilon}{2}\beta\left[b^2\left(1+\ln\frac{t}{b}\right) - t^2\right] \right\} \quad (8.35)$$

由式（8.23）与式（8.35）两式消去 P_0 得衬砌内水压力 P_i 与岩体塑性半径 t 的关系为

$$P_i = \frac{\sqrt{6}E_0(1+\upsilon)(1-a^2/b^2)}{2E(1-\upsilon_0^2)a^2}\left\{ \frac{k_e t^2}{2} - (1-2\upsilon)\beta\left[b^2\left(1+\ln\frac{t}{b}\right) - t^2\right] \right\} +$$

$$\frac{\sqrt{6}[(1-2\upsilon_0)b^2/a^2 + 1]}{2(1-\upsilon_0)}\left[\beta\left(\frac{1}{2} + \ln\frac{t}{b}\right) + \frac{t^2}{2b^2}(k_e - \beta) \right] \quad (8.36)$$

如果 $t = b$，上式变成

$$P_i^* = \frac{\sqrt{6}k_e}{4(1-\upsilon_0)}\left[\frac{E_0(1+\upsilon)}{E(1+\upsilon_0)}\left(\frac{b^2}{a^2} - 1\right) + (1-\upsilon_0)\frac{b^2}{a^2} + 1 \right] \quad (8.37)$$

P_i^* 即为衬砌边缘岩体开始产生塑料变形时的临界内水压力。

设计衬砌时，可由式（8.36）用试算法算出 t，然后代入式（8.35）即可得到 P_0，最后由厚壁圆管公式计算衬砌应力，即

$$\sigma_{0r} = \frac{P_i a^2 - P_0 b^2}{b^2 - a^2} + \frac{a^2 b^2(P_0 - P_i)}{(b^2 - a^2)r^2} \quad (8.38)$$

$$\sigma_{0\theta} = \frac{P_i a^2 - P_0 b^2}{b^2 - a^2} - \frac{a^2 b^2(P_0 - P_i)}{(b^2 - a^2)r^2} \quad (8.39)$$

8.5 隧洞放空和再加载过程中岩体和衬砌的工作状况

如果内水压力超过临界压力 P_i^*，那么卸载之后岩体中就有残余应力和残余变形。为简单起见，卸载过程可以认为是完全弹性体，可以根据卸载过程中内水压力变化 ΔP_i 的弹性解求得。卸载过程中的 ΔP_0 的解可按如下方式求解。

岩体边缘变形为

$$\Delta u = \frac{\Delta P_0(1+\upsilon)b}{E} \tag{8.40}$$

衬砌变形为

$$\Delta u = \frac{2\Delta P_i(1+\upsilon_0)(1-\upsilon_0)a^2 b}{E_0(b^2-a^2)} - \frac{\Delta P_0(1+\upsilon_0)b[(1-2\upsilon_0)b^2-a^2]}{E_0(b^2-a^2)} \tag{8.41}$$

由变形协调条件，解式（8.40）、式（8.41）得

$$\Delta P_0 = \frac{2E\Delta P_i(1+\upsilon_0)(1-\upsilon_0)}{E_0(1+\upsilon)(b^2/a^2-1)+E(1+\upsilon_0)[(1-2\upsilon_0)b^2/a^2+1]} \tag{8.42}$$

岩体中应力、位移增量为

$$\Delta\sigma_r = \frac{2E\Delta P_i(1+\upsilon_0)(1-\upsilon_0)b^2}{\{E_0(1+\upsilon)(b^2/a^2-1)+E(1+\upsilon_0)[(1-2\upsilon_0)b^2/a^2+1]\}r^2} \tag{8.43}$$

$$\Delta\sigma_\theta = -\frac{2E\Delta P_i(1+\upsilon_0)(1-\upsilon_0)b^2}{\{E_0(1+\upsilon)(b^2/a^2-1)+E(1+\upsilon_0)[(1-2\upsilon_0)b^2/a^2+1]\}r^2} \tag{8.44}$$

$$\Delta u = -\frac{\Delta P_i(1+\upsilon)(1+\upsilon_0)(1-\upsilon_0)b^2}{\{E_0(1+\upsilon)(b^2/a^2-1)+E(1+\upsilon_0)[(1-2\upsilon_0)b^2/a^2+1]\}r} \tag{8.45}$$

岩体中的残余应力和残余变形分别为

$$\sigma_r^r = \sigma_r + \Delta\sigma_r \tag{8.46}$$

$$\sigma_\theta^r = \sigma_\theta + \Delta\sigma_\theta \tag{8.47}$$

$$u^r = u + \Delta u \tag{8.48}$$

其中 σ_r、σ_θ 和 u 分别由式（8.24）、式（8.25）和式（8.32）确定。

根据式（8.42）以 ΔP_0 以及 ΔP_i 置换式（8.38）、式（8.39）中的 P_0 及 P_i，即可得到卸载后应力增量的弹性解 $\Delta\sigma_{0r}$、$\Delta\sigma_{0\theta}$，衬砌中的残余应力为

$$\sigma_{0r}^r = \sigma_{0r} + \Delta\sigma_{0r} \tag{8.49}$$

$$\sigma_{0\theta}^r = \sigma_{0\theta} + \Delta\sigma_{0\theta} \tag{8.50}$$

其中 σ_{0r} 和 $\sigma_{0\theta}$ 由式（8.38）、式（8.39）确定。

如果隧洞放空以后，衬砌与岩石之间脱开，它们之间的空缝即为 u_0^r。实际上衬砌四周的空缝不是均匀的，底部 $u_0^r=0$，顶部为 $2u_0^r$。这样，隧洞重新充水

时，在衬砌与岩体吻合前，衬砌的受力情况比较复杂，某些部位要产生次应力，其大小和分布又随着水压力的增加而变化，衬砌顶部受力最不利，它可能是衬砌顶部产生纵向裂缝的原因之一。

8.6 岩体力学参数

圆断面隧洞水压法或双筒法试验所得到的如图8.1所示的应力—变形曲线，弹性模量为

$$E = \frac{P(1+\upsilon b)}{u} \quad (P < P_e) \quad （8.51）$$

式中 b——试验洞半径。

由式（8.6）知

$$k_e = \frac{\sqrt{6}}{3} P_e$$

由式（8.24）和式（8.32）得

$$\left. \begin{array}{l} \sigma_{r_0} = \sqrt{6}\left[(k_e - \beta)\frac{t^2}{2r_0^2} + \beta\left(\frac{1}{2} + \ln\frac{t}{r_0}\right) \right] \\ u_0 = \frac{\sqrt{6}(1+\upsilon)k_e t^2}{2Er_0} + \frac{\sqrt{6}(1+\upsilon)(1-2\upsilon)\beta}{E}\left[\frac{1}{2}\left(\frac{t^2}{r_0} - r_0\right) - r_0\ln\frac{t}{r_0} \right] \end{array} \right\} (\sigma_{r_0} \geq P_e) \quad （8.52）$$

用试算法解式（8.52），可算出 t 及 β。进一步可以由式（8.18）确定 N。

8.7 算例

压力隧洞半径：$b = 2.5\text{m}$；

岩体力学参数：$E = 2\times10^5\text{kg/cm}^2$，$\upsilon = 0.3$，$k_e = 6\text{kg/cm}^2$，$N = 10^4\text{kg/cm}^2$；

衬砌内半径：$a = 2\text{m}$，外半径为 2.5m；

衬砌力学参数：$E_0 = 2\times10^5\text{kg/cm}^2$，$\upsilon = 0.15$。

（1）根据式（8.37），$P_i^* = 11.8\text{kg/cm}^2$。

（2）如果衬砌内水压力 $P_i = P_i^* = 11.8\text{kg/cm}^2$，那么传统方法 $P_0 = 7.35\text{kg/cm}^2$；本章方法 $P_0 = 7.35\text{kg/cm}^2$。

（3）如果衬砌内水压力 $P_i = 18\text{kg/cm}^2$，那么传统方法 $P_0 = 11.3\text{kg/cm}^2$；本章方法 $P_0 = 10.5\text{kg/cm}^2$。

（4）两种计算方法，衬砌应力分布见表8.1。

表 8.1　两种计算方法比较表

$P_i/(kg/cm^2)$	r/m	传统方法		本章方法	
		$\sigma_\theta/(kg/cm^2)$	$\sigma_r/(kg/cm^2)$	$\sigma_\theta/(kg/cm^2)$	$\sigma_r/(kg/cm^2)$
11.8	2.0	13.4	-11.8	13.4	-11.8
	2.5	8.5	-7.4	8.5	-7.4
18	2.0	20.4	-18.0	23.7	-18.0
	2.5	13.0	-11.3	16.3	-10.5

衬砌中最大拉应力值，传统方法比本章方法小 14%。

（5）内水压力由 18kg/cm² 卸载至零，衬砌中残余应力为

$$r = 2m,\quad \sigma_{0\theta}^r = 3.3kg/cm^2,\quad \sigma_{0r}^r = 0$$

$$r = 2.5m,\quad \sigma_{0\theta}^r = 3.3kg/cm^2,\quad \sigma_{0r}^r = 0.8kg/cm^2$$

即卸载后衬砌与岩体交界面上有 0.8kg/cm² 残余拉应力。

（6）如果卸载至零后衬砌与岩体脱开，当 $P_i = 0.8kg/cm^2$ 时，$u_b^r = 0.026cm$。卸载至零过程中弹性恢复变形 $\Delta u_b = 0.018cm$，残余变形 $u_b^r = 0.008cm$。实际上衬砌与岩体之间的空缝是不对称的，底部 $u_b^r = 0$，顶部 $u_b^r = 0.016cm$。

（7）再加载，对于衬砌与岩体脱开的情况，当它们吻合之前，衬砌与岩体的接触应力为零，直到 P_i 增加到某一数值后，衬砌才自下而上受到 P_0 作用。用轴对称公式近似估算顶部吻合时，P_i 应为 5.6kg/cm²。

取 $P_i = 5.5kg/cm^2$，得 $r = 2m$，$\sigma_\theta = 25kg/cm^2$；$r = 2.5m$，$\sigma_\theta = 19.6kg/cm^2$。

它们分别比最大内水压力 P_i=18kg/cm²（第一次加载）时的拉应力大 1.06 倍和 1.2 倍。

由此可以看到，衬砌受力最不利情况不是发生在水压力最大时，而是发生于达到最大水压力之后卸载至零之后若干次反复加载中某一次再加载阶段，水压力小于最大载荷时，就出现最不利情况。

从计算结果不难理解，衬砌顶部最容易产生纵向裂缝。传统方法不能作这种分析，用传统方法设计压力隧洞衬砌，即使对岩体弹性模量作了折减，衬砌中多放钢筋，还不能保证多放的钢筋全都布置在关键部位。

参考文献

[1] Галеркин В Г. Налряжение сосгояние цилиндрической трубы а упругяой среде. Галеркин Собрание Сочинений. Изл.，АН СССР，1952，Vol. I：311-317.

[2] 黄仁福，叶金汉，金汉平. 现场测定岩体变形特性一些问题研究. 水利水电技术，1963（4）：22 - 29.

[3] Kastner H. Statik des Tunnel - und Stollenbaues. Berlin, Springer-Verlag，1962.

[4] Jaeger C. Rock Mechanics and Engineering. New York：Cambridge University Press，1972.

[5] Phillips A. Introduction to Plasticity. Ronald Press Co.，1956.

[6] Prager W，Hodge P G. 理想塑性固体理论. 陈森译. 北京：科学出版社，1964.

第9章 岩体力学在地下工程设计中的应用

9.1 引言

早期的地下工程设计思想是地面结构设计思想的延伸，以衬砌结构为中心，岩土只考虑作为衬砌承受的荷载和弹性支承，于是普氏山岩压力理论中的坚固系数 f 值和弹性地基梁中的反力系数 K 就成为地下工程中岩石力学的全部。过去受这种"衬砌—荷载"思想的约束，地下工程设计思想发展缓慢。

时至今日，我国地下工程设计思想与早期相比已不可同日而语，硐室围岩稳定性分析已经成为地下工程设计范畴，先进行围岩应力分析，论证围岩是否需要加固，然后进行加固体系设计。对此，岩体应力测量、岩石力学性质试验、数值方法计算围岩应力、施工过程中的围岩变形监测、监测信息的反馈分析岩体应力 / 岩石力学参数等成为地下工程中必须开展的工作。在此基础上，地下工程设计水平不断提高。

虽然当前的岩体力学还不能很好地计算衬砌等支护上所受的力，但是也不是所有的地下工程都要首先回答这个问题。岩体力学可以帮助我们突破"衬砌—山岩压力"范畴，全面认识地下工程中的力学问题并做出经济、合理的设计。根据孔口的应力分布，可以选择比较合理的断面形状；根据弹塑性理论分析，可以比较合理地布置锚杆；根据流变理论和断裂流变理论，可以对锚喷机制认识得更深刻一些，有可能把锚喷的设计上升到理论。

9.2 隧洞设计理论的发展

9.2.1 Протоъяконов 山岩压力理论

过去，每涉及地下工程，就很自然地联系到衬砌或支护，于是山岩压力就几乎成为地下工程中岩体力学的全部。许多人的工作，都是致力于在各种简化条件下，研究岩体中开挖硐室之后，有多少岩体将作为荷载作用在衬砌上。1907年 Протоъяконов 根据散粒介质极限平衡理论建立起坍落拱理论以前，许多"山岩压力"理论都认为硐室开挖以后会引起洞顶上全部覆盖层的坍落，支护结构将承受这些岩体的重量，Terzaghi 的地压理论也是对上述理论作了岩柱两侧有摩擦力约束的修正。

　　普氏理论本身具有很大的局限性，坚固系数 f 更是缺乏科学性。普氏理论与岩体的不均匀性、岩石力学性质、岩体应力水平、洞周应力集中、硐室形状、衬砌刚度和修建衬砌的时间都没有联系，这是它的根本弱点。但是，普氏理论的山岩压力只与坍落拱内的岩体有关，针对那种假定硐室上部整个覆盖层重量作为山岩压力，在当时却是一个进步，并且后来用弹、塑性理论分析孔口应力集中，也证明岩体应力扰动以致破坏或坍落只局限在硐室周围的一定范围内，当硐室接近地面或多条硐室相距很近时才可能有例外。硐室围岩的破坏范围也是近代岩体力学的一个研究课题。

9.2.2　早期的衬砌设计优化思想

　　Fenner 等人发展了衬砌设计理论，他们认为山岩压力不是孤立的，也不是静止的，进而论证了"衬砌刚度—变形—山岩压力"三者之间相互关系，提出了早期的衬砌设计优化思想。山岩压力不仅取决于岩体，也受制于衬砌的刚度，由于他们的理论建立在岩体刚塑性变形基础上，其实质是衬砌开始发挥作用时岩体变形已经完成，没有通过控制变形调节衬砌刚度与山岩压力相互关系的可能。但是，他们的思想给后来的研究工作者许多启发。当考虑了岩石变形的时间效应之后，这种优化思想才有现实意义，于是又引出了对衬砌建造时间的优化问题。

9.2.3　岩体初始应力与硐室围岩应力状态

　　自 20 世纪 30 年代开始，用弹性理论中孔口应力集中课题，研究硐室围岩应力状态就已活跃起来。这项工作首先承认岩体力学性质对硐室应力状态的影响，在用弹性理论分析围岩应力集中时，可以把开挖硐室以前的岩体初始应力作为无限远处的边界条件。它的意义是重大的。从应力集中分析可知，开挖硐室受扰动的岩体，只是孔口附近的有限域；而且假定初始垂直应力 σ_v 是重力场，这就把硐室围岩应力与上覆岩层的厚度联系起来了。前者与普氏理论有某些相似，后者与普氏理论又截然不同。但是，在这两点上，弹性理论比普氏理论前进了一步，达到一个新的水平。

　　围岩应力分布的弹性理论以 Динник、Terzaghi 和 Richart 的工作最有代表性。他们提出水平初始应力 σ_h 为垂直初始应力 σ_v 的 $\dfrac{\mu}{1-\mu}$ 倍（μ 为岩石的泊松比）。后者还对圆孔应力集中和椭圆孔应力集中作了分析，认为当 $\sigma_v \neq \sigma_h$ 时用椭圆形孔口较好。

20 世纪 30 年代以后，用复变函数论方法和光弹试验研究各种孔型的应力集中，两相邻平行孔口的应力集中和半无限介质中圆孔应力集中问题取得了许多成果。

硐室应力分析弹性理论的发展，推动了岩体应力的测量工作。一般的理论分析，多半是假定 $\sigma_v = \gamma H$ 和 $\sigma_h = \dfrac{\mu}{1-\mu}\sigma_v$，或者假定 $\sigma_v = \sigma_h = \gamma H$，即 Heim 提出的静水压力理论。后来，Herget 统计了岩体应力的实测资料，发现 $\sigma_v = \gamma H$ 接近事实，但是 σ_h 约有 2/3 大于 $\dfrac{\mu}{1-\mu}\sigma_v$。

弹性理论曾经被认为不能解决衬砌的山岩压力。其实，适宜用弹性理论处理的围岩并不乏实例，此时硐室是可以不做衬砌的，研究山岩压力自无必要。

9.2.4　围岩加固体系多样化与信息化设计

在以围岩为中心的指导思想下，理论指导与经验运用相结合，20 世纪 60 年代初期产生了新奥地利隧洞施工法（NATM），其精髓是：充分利用围岩的自稳能力；尽可能利用喷锚加固；需要作衬砌时，应做成封闭式衬砌；根据变形监测信息反馈修改、完善加固体系设计。新奥法由于指导思想正确，在不能对地下工程设计中有关环节进行精确计算情况下，可以做出符合经济、合理的地下工程设计。

在硐室开挖过程中变形监测基础上发展起来的监控，是一种信息化设计方法，它的关键是监测信息的计算机处理，把现在研究工作十分活跃的岩体应力、岩石力学参数反分析发展到围岩应力、围岩稳定性和加固体系的设计。其优越性是反应快，事半功倍，而且在设计过程中某些不确定因素可能在计算过程中自我抵消。

除了应用人为采集的变形信息之外，对于硐室开挖过程中出现的破坏、坍方、岩爆等信息，有可能经过理论分析建立力学模型，作为计算依据。对于这种类型的信息也要充分注意，尽可能利用。

9.3　岩体力学性质与硐室围岩稳定性

9.3.1　硐室围岩弹性应力分析

在弹性理论中，圆形孔口的应力状态（图 9.1）可用式（9.1）表示，即

$$\left.\begin{array}{l} \sigma_r = \dfrac{1}{2}(\sigma_v + \sigma_h)\left(1 - \dfrac{a^2}{r^2}\right) + \dfrac{1}{2}(\sigma_h - \sigma_v)\left(1 - \dfrac{4a^2}{r^2} + \dfrac{3a^4}{r^4}\right)\cos 2\theta \\[3mm] \sigma_\theta = \dfrac{1}{2}(\sigma_v + \sigma_h)\left(1 + \dfrac{a^2}{r^2}\right) - \dfrac{1}{2}(\sigma_h - \sigma_v)\left(1 + \dfrac{3a^4}{r^4}\right)\cos 2\theta \\[3mm] \tau_{r\theta} = \dfrac{1}{2}(\sigma_v - \sigma_h)\left(1 + \dfrac{2a^2}{r^2} - \dfrac{3a^4}{r^4}\right)\sin 2\theta \end{array}\right\} \quad (9.1)$$

式中　　σ_v——垂直岩体应力；

　　　　σ_h——永平岩体应力；

　　　　a——孔口半径；

　　　　θ——与水平轴的夹角。

在式（9.1）中，取 $\sigma_v = \sigma_h$，即初始应力为静水应力场，得

$$\left.\begin{array}{l} \sigma_r = \sigma_v\left(1 - \dfrac{a^2}{r^2}\right) \\[3mm] \sigma_\theta = \sigma_v\left(1 + \dfrac{a^2}{r^2}\right) \\[3mm] \tau_{r\theta} = 0 \end{array}\right\} \quad (9.2)$$

这时在洞壁上（$r = a$）有

$$\left.\begin{array}{l} \sigma_r = \tau_{r\theta} = 0 \\[2mm] \sigma_\theta = 2\sigma_v \end{array}\right\} \quad (9.3)$$

即孔口上的 σ_θ 是初始应力 σ_v 的 2 倍，并且 σ_θ 与 θ 角无关，这时岩体所处的应力状态最好。

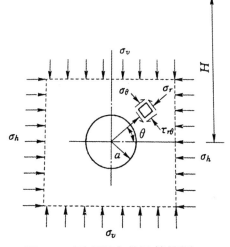

图 9.1　圆形洞室的计算简图

在式（9.1）中，取 $\sigma_h = 0$，得：当 $\theta = 0°$、$\theta = \pi$ 时，$\sigma_\theta = 3\sigma_v$；当 $\theta = \dfrac{\pi}{2}$、$\theta = \dfrac{3\pi}{2}$ 时，$\sigma_\theta = -\sigma_v$（拉）。

由此看出，对于圆形孔口，岩体应力差（$\sigma_h - \sigma_v$）越大，围岩应力越不均匀，并且可能出现拉应力。

图 9.2 和图 9.3 表示地下厂房中常见的两种断面的应力分布。从图 9.2 中可以看到，下部角点附近的应力在 N 为 1、1.5 和 2（$N = \sigma_h / \sigma_v$）时，σ_θ 分别是 σ_v 的 6.8 倍、7.5 倍和 10 倍。$N = 2$ 时边墙上出现拉应力。两个角点处是应力集中区，对于做顶拱衬砌的地下工程，上部角点正好是拱座，顶部岩体变形通过衬砌传到这里。因此，上部角点的应力分布比较不利，高边墙地下厂房的边墙往往不做衬砌，这部分稳定性受到削弱的岩体需要小心处理。

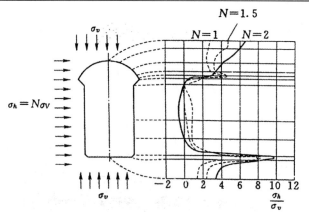

图9.2　高边墙硐室边缘环向应力分布

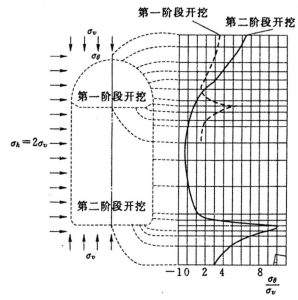

图9.3　方圆形高边墙硐室分期开挖时边缘环向应力分布

从图 9.3 中看出，在拱座部位的岩体开挖线改得光滑以后，应力集中情况得到改善。还可以看出：这种形状的高边墙硐室分两期开挖时，第一期开挖后岩体的一个应力集中区，在第二阶段开挖结束后，应力集中情况得到改善。

用弹性理论作应力分析，可以根据孔口的应力集中情况选择孔口形状或较好的轮廓线。对于地下厂房，比引水隧洞多一个有利条件，即它的位置和方位的选择余地更大一些，有可能根据三维岩体应力状态作出有利的选择。

有一座大型水电站地下厂房，设计时高边墙未作支护，按传统的"山岩压力"理论设计顶拱，其顶拱衬砌做得较厚，钢筋用量也不少，看似万无一失。结果在拱座处（相当于图 9.2 中上部角点）岩体发生楔形破坏，造成顶拱脱空。从图 9.2 知道该处正是应力高度集中处。弹性理论虽然不能计算"山岩压力"，只要发挥它的特点，可以指导做出好设计。

9.3.2　硐室围岩弹塑性应力分析

Fenner 最早研究，后经 Kastner、Rabcewice 等发展的硐室围岩弹塑性应力分析，处理了平衡方程、边界条件和屈服准则，并得到应力解，再独立地从几何方程和变形连续条件求解变形。他们得到的是不完全解，并且是刚塑性解。

在求解过程，作为衬砌的厚壁圆筒与岩体共同作用，好像衬砌在岩体开挖前已经存在，这当然不是事实。虽然他们的研究结果并无实用价值，但是指明了在衬砌加固体系与岩体之间的山岩压力，不是孤立由岩体赋而是它们联合作用，发生在岩体与衬砌之间的接触应力。而这个接触应力实质上是岩体变形受到衬砌约束之后的效应。只不过塑性变形在隧洞开挖之后已经完成，衬砌与开挖过程中产生的塑性变形并无关联。

工程实践中经验表明，岩体在隧洞开挖成形之后变形仍在继续。这种变形是黏弹性或黏塑性，对它们的讨论已经超出本节范围。

Fenner 等人的理论可以用于深埋隧洞，深部岩体应力可能接近静心应力场，Fenner 理论可估算圆形隧洞开挖后，围岩应力是否到达极限状态。进入极限状态的围岩可能产生岩爆（脆弱岩石）也可能是一般性坍塌（软岩可能呈塑性状态）。

我们可以把岩体应力变形关系典型化为折线，即屈服后按直线型强化，作了满足平衡方程、几何方程、屈服准则、应力应变关系和边界条件的完全解。与 Fenner 等一样，取岩体初始应力为静水应力状态，并取 $P_0=0$，得到塑性区的（$b \leqslant r \leqslant t$，$b$ 为圆形孔口半径，t 为 θ 塑性区半径）应力状态（图 9.4）如下。

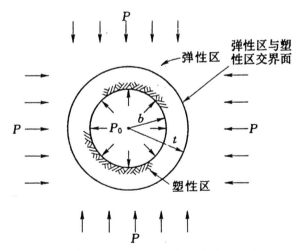

图 9.4　出现塑性区的圆孔口边界力示意图

$$\sigma_r = P - \frac{\sqrt{6}}{2r^2}\left[\frac{2C\cos\varphi}{\sqrt{6}(1-\sin\varphi)} - \frac{\beta}{n+2}\right]\left(\frac{t^{n+2}}{b^n}\right) + \frac{\sqrt{6}\beta(n+1)}{n(n+2)}\left(\frac{r}{b}\right)^n - \frac{\sqrt{6}\beta}{2n}\left(\frac{t}{b}\right)^n \quad (9.4)$$

$$\sigma_\theta = P + \frac{\sqrt{6}}{2r^2}\left[\frac{2C\cos\varphi}{\sqrt{6}(1-\sin\varphi)} - \frac{\beta}{n+2}\right]\left(\frac{t^{n+2}}{b^n}\right) + \frac{\sqrt{6}\beta(n+1)}{n(n+2)}\left(\frac{r}{b}\right)^n - \frac{\sqrt{6}\beta}{2n}\left(\frac{t}{b}\right)^n \quad (9.5)$$

位移为

$$u = \frac{1+\upsilon}{Er}\frac{C\cos\varphi}{1-\sin\varphi}\left(\frac{t^{n+2}}{b^n}\right) + \frac{(1+\upsilon)(1-2\upsilon)}{E}\left\{\frac{\sqrt{6}\beta}{n(n+2)}\left[\left(\frac{r^{n+1}}{b^n}\right) - \left(\frac{t^{n+2}}{b^n}\right)\frac{1}{r}\right] + \right.$$
$$\left. P\frac{t^2}{r} + \left(r - \frac{t^2}{r}\right)\left[P - \frac{\sqrt{6}\beta}{2n}\left(\frac{t}{b}\right)^n\right]\right\} \quad (9.6)$$

其中

$$\beta = \frac{4EC\cos\varphi}{[4N(1-\upsilon^2)+E]\sqrt{6}(1-\sin\varphi)^2}$$

式中　P——岩体初始应力；

　　　C——岩石的凝聚力；

　　　φ——岩石的内摩擦角；

　　　n——指数，$n = \dfrac{2\sin\varphi}{1-\sin\varphi}$；

　　　β——系数；

　　　N——剪切强化模量。

弹性区（$t \leqslant r \leqslant \infty$）应力状态为

$$\sigma_r = P - \frac{C\cos\varphi}{1-\sin\varphi}\left(\frac{t^{n+2}}{b^n}\right)\frac{1}{r^2} \quad (9.7)$$

$$\sigma_\theta = P + \frac{C\cos\varphi}{1-\sin\varphi}\left(\frac{t^{n+2}}{b^n}\right)\frac{1}{r^2} \quad (9.8)$$

位移为

$$u = \frac{1+\upsilon}{E}\left[\frac{C\cos\varphi}{1-\sin\varphi}\left(\frac{t^{n+2}}{b^n}\right)\frac{1}{r} + P(1-2\upsilon)r\right] \quad (9.9)$$

我们对 Fenner 的基本公式推导作了较完善的处理，除计算应力之外，还可以计算位移。

9.3.3　硐室围岩黏弹塑性分析

流变现象在硐室围岩中经常有所反映，有的隧洞围岩变形经历长时间之后才趋于稳定，也有的在开挖后经过很长时间失稳。衬砌等加固体系上承受的"山岩压力"是它们约束岩体流变变形导致的相互作用力。一般情况下，支护体系的刚度大、支护早，则"山岩压力"大，但是对岩体的加固效果好。然而，从经济效益考虑对支护体系的设计有个选择最优刚度与最优衬砌（支护）时间的问题。

岩体的流变性质有两种表现：一是定常黏性流；一是弹性滞后效应。前者用 Maxwell 模型（图9.5）描述，应力应变时间关系（图9.6）为

$$\varepsilon = \sigma\left(\frac{1}{E} + \frac{t}{\eta}\right) \tag{9.10}$$

式中　E——弹性模量；

　　　η——黏滞系数；

　　　t——时间。

后者用 Kelvin 模型描述，应力应变时间关系为

$$\varepsilon = \frac{\sigma}{E}\left[1 - \exp\left(1 - \frac{Et}{\eta}\right)\right] \tag{9.11}$$

从式（9.10）与式（9.11）可以看出，前者为等速率流变后者为指数规律减速率流变，当 $t \to \infty$ 时，$\varepsilon \to \dfrac{\sigma}{E}$。

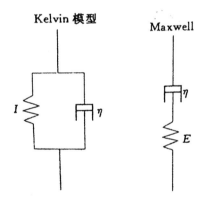

图9.5　岩体流变性质力学模型

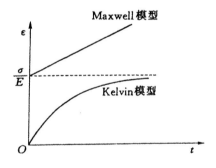

图9.6　岩体应力应变时间关系

在天生桥引水隧洞岩性较差的砂页岩地段，用黏弹塑性有限元分别对毛洞作了应力和变形及衬砌后对流变岩体的影响和衬砌受力等做了分析。假定岩体服从四元件黏弹塑性模型（图9.7），计算断面为城门洞形。

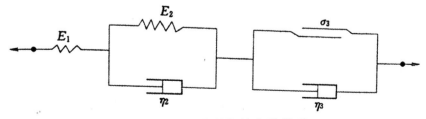

图9.7　岩石黏弹塑性力学模型

　　计算结果表明，隧洞开挖后如果不衬砌，岩体流变变形不大，180d 以后停止变形（图 9.8），开挖后瞬时围岩最大压应力出现在边墙中部（略偏上）和洞底角点，应力值分别为 5.73MPa 和 5.68MPa，洞底中部出现 0.1MPa 拉应力（图 9.9）。180d 后变形停止以后，以上三个部位的岩体应力分别下降到 3.89MPa、5.23MPa 和 0.09MPa。

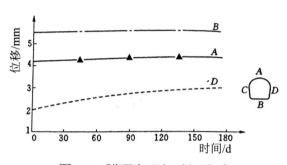

图 9.8　隧硐变形与时间关系

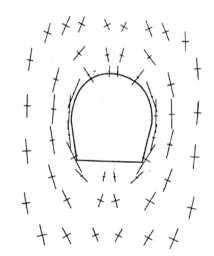

图 9.9　开挖瞬时的围岩应力分布

　　对于有衬砌的情况，计算结果表明岩体变形和应力变化与毛洞很接近，衬砌受力很小。实际情况是隧洞开挖后立即喷混凝土以后围岩基本稳定，只在局部略有塌方。施工单位所做的原位变形观测值与计算值接近，变形达到稳定的时间比计算值短。

　　由于研究区段内岩石破碎，黏弹塑性力学模型并不能完全反映实际情况。但是开挖后对围岩立即喷混凝土对围岩变形起到约束作用并使围岩具有连续性，所以除了向斜和背斜与隧洞交汇处发生局部塌方外，没有像松散岩体那样发生大范围塌方。围岩的表面变形反映，把岩体按"似"均匀介质处理是可行的。根据计算结果，衬砌厚度可以大为减薄。

9.3.4 洞室围岩脆性破坏

在地下洞室开挖过程中，围岩出现较高的应力集中，岩性较好，脆性破裂或破坏特征突出。

岩石是含有各种尺度缺陷的不均匀介质，它的脆性断裂性质就是各种缺陷的作用。特别是高强度、弹性性能比较好的岩石不容易发生塑性变形，其中的裂隙或微裂隙发生脆性扩展所需要的功相对较小，因此，容易在低应力时发生脆性断裂。

脆性破坏主要呈两种状态：一是劈裂破坏；二是剪切破坏。根据脆性岩石从开始破裂到破坏的发展过程分析，劈裂破坏属于低应力状态下的脆性断裂，剪切破坏为应力达到峰值时的极限状态。

岩石破坏时释放的能量多于消耗的能量，多余能量将破碎岩石喷射出去，就是岩爆。岩爆是岩石脆性破坏的特殊情况，也是极端情况。关于岩爆，将在第 10 章至第 13 章作论述。

9.4 地下工程中待深入研究的课题

9.4.1 岩体应力

岩体应力状态十分复杂，地壳的应力状态与地球的起源和演变过程有关。处在引力场中的地壳，其基本应力为重力应力场，随着地球的形成、温度的变化而变化。此后，地壳应力与构造演变相互影响，在漫长的地质年代中，板块运动、地壳上升下陷、断层褶皱及各种构造断裂的形成都是地壳应力变化的结果，它们形成之后地壳应力也随之调整到新的状态。工程建设影响到的地球浅层接近地面，地面为无约束自由面，因此，浅层岩体垂直应力接近重力应力场，这已为国际上许多岩体应力实测结果所证实。实测水平岩体应力与重力应力场的横向应力分量常有出入，有时水平应力大于垂直应力，这就是应力场经过构造调整所致。

这样，可以清楚地看到从全球范围建立地壳应力理论，去计算工程影响范围的岩体应力状态非常困难，目前几乎不可能实现。当然，在工程所在的局部范围依照某些参量计算岩体应力是有可能的。这就注定，对岩体应力状态必须以实测为基础，在此基础上，发展估算局部应力场的数值计算方法。

深埋长隧洞围岩应力计算和稳定性分析中对开挖前的岩体应力状态准确程度的要求比一般地下工程高。但是，深埋长隧洞所处地形往往为早期开展岩体应力测试增加了许多困难。因此，在不断提高岩体应力测试技术的同时，需要开展根据地形、地质构造进行岩体宏观分析；根据近场或远场震源机制开展岩体宏观应力分析；根据人造卫星取得的信息开展岩体应力宏观分析；深入研究勘探洞或主洞开挖过程中利用变形或围岩破坏信息计算岩体应力；根据实测岩体应力 / 变形考虑到地质构造特征的回归分析方法，计算区域岩体应力。

9.4.2　深埋隧洞围岩力学性质研究

围岩应力数值计算方法在 20 世纪 70—80 年代发展较快，目前围岩应力分析的可靠程度取决于对岩石力学性质的认识水平，建立尽可能接近岩石赋存状况的力学模型。

我国以往情况是开展过多的常规试验，而某些重要的力学性质试验尚重视不够，如对岩石流变性质、岩石开始出现脆性破裂到最终破坏的过程（包括应力应变关系全过程）、岩石断裂力学性质有关参数、有渗透压力作用的岩石力学性质、开展考虑到岩石天然赋存条件的岩石力学性质试验等研究工作。

由于硐室围岩应力分析和稳定分析需要知道深层岩体天然状态下的力学性质，而岩石力学性质是用岩芯试验得到的，岩芯已经经历过一次卸载，而原始状态应力越高卸载后岩石状态变化越大，单纯通过试验直接测试天然状态下的岩体力学性质几乎成为不可能。开展通过现代科学方法论，对经过一次卸载后的岩石再加载得到的各项力学参数进行反演，推算原状岩体力学参数的研究工作视为可行的研究途径。

9.4.3　深埋隧洞围岩渗流问题

自 1959 年法国马尔巴赛坝失事,经调查研究后发现是渗透压力造成的坝基破坏。此后，对岩体中的渗流研究开始受到重视，深化了对渗流的认识，有可能在工程上采取必要措施，防止事故发生。

在岩石力学工程应用的一些分支中，最突出的难题是如何处理岩体中各种不同尺度的断裂，它们对地下水流动规律影响很大，断裂是否有充填物，充填物的性质如何，加之岩石本身与各种断裂渗透能力差异很大，形成岩体渗透能力的不均匀性。同时，岩体的渗透能力与岩体应力场有关，它们之间是相互影响的，在断裂面上尤其突出。对于深埋隧洞还有一个渗流场与温度场相互影响的问题。

由于地下水的作用，岩石特别是断裂面的强度将会受到削弱，以及渗透对洞室围岩应力状态的影响，两者都将造成围岩稳定性下降。对于地下工程的衬砌，渗透水将以外荷载的形式作用其上，钢板衬砌在内水放空时，外水压力下能导致钢板衬砌屈曲失稳；岩石渗透系数的研究确定；以及工程防渗排水措施等，都是十分有意义的课题。

9.4.4 深埋隧洞岩爆问题研究

高地应力造成的洞室失稳现象中，最突出的是岩爆。由于它多发生在完整性较好的岩石中，往往容易被疏忽，又由于它的突发性，对生命财产的威胁最大。

岩爆在我国是一个较少研究的课题，20 世纪 80 年代初、中期，我国煤炭和水电系统分别开始进行了比较系统的研究工作，各自都取得一些研究成果，但是都还处于起步阶段。这个问题在国际上也研究得不充分，没有建立理论体系，工程治理上也缺少有力措施。

在岩爆治理方面，许多措施都属于"马后炮"，似有必要合理设计以求减少岩爆发生和减轻岩爆的烈度。

基础性的试验和理论研究工作是综合治理的支柱。迄今，对于岩石开挖后瞬间发生的岩爆，强度理论研究进展较快，失稳理论开展较晚，也有一定基础，滞后发生的持续岩爆属于流变断裂性质，还没有进入实质性研究阶段。20 世纪 70 年代发展起来的两门数学新分支——分形几何和突变理论，分别从不同的方面为岩爆理论研究带来新的思维和方法，分形几何是定量研究岩石裂纹损伤演化过程的有力武器；突变理论虽然不研究岩爆的具体内容，但是它通过研究各种临界点附近和不连续性态特征建立数学模型，在岩体不稳定研究中已经受到关注。可以预料，分形几何与突变理论必将对岩爆理论体系的建立起推动作用。

9.4.5 深埋长隧洞的勘测、预测和监测

传统的地质勘测方法不适应快速提供设计资料的要求，深埋长隧洞多在崇山峻岭地形复杂处，在勘测阶段钻孔取岩芯都十分困难。除了传统的勘测工作项目之外，深层岩溶探测、地温分布规律、地质灾害（岩爆、涌水、涌泥、有害气体）等的探测和预测也提到日程上，有的预测项目不仅在勘测阶段进行，更重要的是在隧洞施工过程中随着开挖进程，不断作出超前预测，其中岩溶、涌水、断层破碎带等的预测工作，有时在施工中至关紧要。利用物探、遥感技术、CT 扫描、雷达波以及水平钻探等新技术就很有必要。

硐室围岩变形、收敛监测能发挥很好的作用，已经在国内普遍开展。由于用变形信息反分析以及信息化设计的前景良好，对硐室围岩变形、收敛监测的要求日益提高，首先需要提高监测仪器的可靠性和精度。为使监测工作长期有效，为工程运行期间安全监控，还要不断提高观测仪器的长期稳定性，更要健全管理体制和制度，最好集中或分地区集中管理，用电子计算机整理监测数据，及时发出事故预测信息。

岩爆是深埋硐室中完整岩性的产物，发生岩爆时以及发生前，岩石中有微破裂产生，伴随微破裂发展过程岩石出现体积膨胀。从监测的角度看，破裂事件的次数及能量强度敏感易测而岩石扩容较不敏感。因此，对岩爆及开挖引起的微震多采用声发射接受仪（简称声发射仪，其实该仪器不发生声脉冲，是一种接受岩石破裂时发出的声频范围的破裂信息）和微震仪接受。

9.4.6　深埋长隧洞的特殊设计问题

（1）合理的布置与设计。在深埋长隧洞中，由于岩体应力较高，地下工程开挖后围岩应力势必偏高，在某些应力集中区域，围岩的稳定性也相应恶化。合理的布局与设计，以减轻围岩应力恶化很有必要。根据岩体应力状态，对于硐室走向、形状、洞群的间距都要经过优化设计，对地下厂房需要精心布置。

此外，还要合理安排开挖程序，确保施工过程中各个阶段围岩处在较好的稳定状态。以往对于大断面地下厂房，认为分部开挖的层次多，围岩的稳定性容易得到保障。但是，在岩爆发生的地下洞室中，分部开挖的层次越多可能危害更大。对于开挖层次少的，也要注意每次开挖断面不要出现应力集中的尖角。

（2）加固体系设计问题。地下洞室加固体系的设计是一个有待解决的问题，关键是岩体对加固体系的荷载确定不准。

在现阶段的岩石力学水平上，首先弄清围岩稳定性如何，是否需要加固，这是应该尽力去做的。在深埋隧洞中可能遇到围岩变形不止，经历长时间以后岩体失稳，断层破碎带或软岩中可能造成大范围坍方以及在完整岩石中发生岩爆。各种情况下的支护方式、支护时间、支护体系的刚度需要重点研究。

原则上，能够维持稳定的围岩都应该充分加以利用，不做衬砌。提高围岩稳定性分析的水平和对已建工程进行回访、总结，将会有力地推动不衬砌隧洞的应用。即使在岩爆发生的围岩中，由于岩性较好，当施工期间岩爆过后，应力达到新的平衡状态，保持稳定，围岩不衬砌的可能性也应该充分利用，以降低工程造价。

（3）压力隧洞衬砌与岔管设计。这是深埋隧洞与抽水蓄能电站中共同存在的问题，工程中遇到的是钢筋混凝土衬砌和钢板衬砌两种情况。

在压力隧洞设计中，一个重要的问题是衬砌与岩体的联合作用，以求作出经济合理的设计，由于岩体性质复杂，岩体的各向异性，应力应变关系的非线性和卸载后残余变形对衬砌受力的影响一直是一个值得关注的重要问题。

压力隧洞钢板衬砌有放空情况，由外水压力造成的屈曲失稳是另外一个重要问题。此外，如在内水压力作用下，衬砌及岔管开裂机制分析以及内水外渗的消散规律等也需要着重研究。

根据国外特别是挪威的情况，不衬钢板的高压隧洞也不乏成功经验，降低造价十分显著。

9.4.7 地下工程设计的信息化研究

地下工程设计方法从早期的地面结构分析方法到现代的固体力学方法，始终沿经典力学道路发展。但是在地下工程中岩体初始应力、岩体受力（扰动）范围、岩体力学模型和岩体力学参数等无一不是模糊量，建立在经典力学基础上的地下工程设计方法发展到一定程度后难收更大成效。信息论、控制论和系统论构成的现代科学方法论将会为地下工程建设开辟新的途径。

广义的信息化设计应该采用专家系统，这是近些年发展起来的新理论、新方法，其实质是用数学方法处理人类的宝贵经验，在工程中的应用也日益成熟。专家系统的应用，建立专家信息库的问题就迫切起来了。我国已经建设了大量地下工程，对它们进行回访，建立信息库，可以促进专家系统成为生产力。

参考文献

[1] Динник А Н. Распределение напряжений вокруг подземных выработок，Трубы совещание по управленчю горные давление.Иэб，АН СССР，1938.

[2] Terzaghi K，Richart F E. Stress in rock about cavities. Geotechnique，1952（3）：2.

[3] 萨文 Г Н. 孔附近的应力集中. 卢鼎霍译.北京：科学出版社，1958.

[4] Hergert G. Ground stress determinations in Canada. Rock Mechanics，1974（6）.

[5] RabcewIcz L. Principle of dimensioning the supporting system for the New Austrian Tunnelling Method. Water Power，1973.

[6] Muller L. The use of shortcrete for underground support principles of the NATM.Water Power，1978.

[7] 陆家佑，叶金汉，陈风翔. 对地下工程中岩石力学发展的回顾与展望. 岩石力学与工程学报，1984（1）.

[8] 陆家佑，相建南，耿克勤. 岩体力学在地下工程设计中的应用，水利水电技术，1985（7）.

[9] 陆家佑. 隧洞工程岩体应力分析及数值模型研究. 水利水电技术（岩土工程专号），1991（1）.

[10] 陆家佑. 水利水电地下工程设计理论发展. 水力发电学报，1995（2）.

[11] 陈宗基. 地下巷道长期稳定性的力学问题. 岩石力学与工程学报，1982（1）：1.

[12] Lu Jiayou，et al. Applications of Numerical Methods in Rockburst Prediction and Control，Proc. of the 3RD Inter，Sym. On Rockburst and Seismicity in Mines, Kingston，Canada，1993.

[13] 谷兆祺. 挪威水电工程经验介绍.挪威：泰比亚公司，1985.

[14] 张清. 隧道及地下工程岩溶灾害预报的专家系统. 岩石力学与工程学报，1992（11）：3.

[15] Lu Jiayou. The elasto-plastic analysis of rock masses surrounding circular opening considering strain handening，Proc. of the Inter. Symp. on Large Rock Caverns，Helsinki，Fenland，1986.

[16] 陆家佑. 考虑应变强化的圆形隧洞孔口弹塑分析. 水利水电科学研究院科学研究论文集（第 23 集）. 北京：水利电力出版社，1986.

[17] 怀军，陆家佑. 水工引水隧洞粘弹塑性有限元分析. 现代采矿技术国际学术讨论论文集. 中国泰安，1988.

第 10 章　硐室围岩岩爆机制与发生准则

10.1　引言

岩爆是地下硐室中岩体失稳的一种自然现象。地下硐室开挖以后，岩体中的初始应力状态受到扰动，孔口应力进入新的平衡状态，形成局部应力集中，岩体性态发生变化，它可能沿软弱面滑落，在破碎岩体中可能塌方；岩体可能进入塑性状态，可能为黏弹塑性，变形随时间变化，变形最终趋于稳定也可能经历长时间之后岩体破坏，可能呈脆性破坏。脆性破坏为不稳定过程伴发应变能突然释放，使岩石剥离或喷射，这就是岩爆。在高应力地区的洞室中岩爆可能十分强烈，以致岩块猛烈喷射，造成人员伤亡，设备毁坏，支护破坏，甚至坑道堵塞。

与地下洞室其他失稳现象一样，造成岩爆的原因是洞室围岩应力集中。与其他岩石失稳现象不同之处为岩爆是岩石脆性破坏。脆性破坏更多的受岩石的不均匀性和各种尺度裂隙的影响，破坏十分复杂。岩爆提出了一系列与一般洞室稳定性不同的独特问题。

一般情况下，岩爆在开挖初期强烈，有的可能很快停止，有的可能持续一个时期才停止。在地下工程开挖过程中，岩爆是围岩各种失稳现象中反映最强烈的一种。由于它的突发性，在地下工程中对施工人员和施工设备威胁最严重。

10.2　洞室应力状态对岩爆的影响

洞室围岩应力集中主要与岩体开挖前的应力、洞室形状及施工方法有关。岩体应力本身就是一个十分复杂的问题，目前还不能通过理论分析进行计算，只能通过实测提供岩体应力原始数据。以圆形坑道为例，其周边最大应力状态为：$\sigma_\theta = 3\sigma_1 - \sigma_3$，$\sigma_1$、$\sigma_3$ 分别是与隧洞轴线垂直平面内的最大和最小岩体初始应力。如果岩体初始应力状态为静水应力场，则 $\sigma_\theta = 2\sigma_1$，产生岩爆的机会将减小。此时如果发生岩爆，则岩爆的部位将扩展到全洞室断面，而岩爆烈度将下降。$\sigma_1 - \sigma_3$ 的值越大，就越容易产生岩爆，它的极限状态是 $\sigma_3 = 0$，这时 $\sigma_\theta = 3\sigma_1$。

对于圆形隧洞，孔口应力集中可以由最大和最小岩体应力 σ_1 和 σ_3 确定，最大应力集中处的切向应力 σ_θ 为 $3\sigma_1 - \sigma_3$，出现在孔口与 σ_1 方向相切处。反之，也可以由岩爆在断面上的位置推测岩体应力的主应力方向。在渔子溪、二滩等工程中近河谷边坡隧洞岩爆表现了岩爆位置与岩体应力主方向的一致性。二滩 2 号探洞 3 号支洞，位于河谷山坡中，岩体初始应力受地形影响，主应力与岸坡坡面平行，以致在隧洞外侧拱端处和内侧下部发生岩爆（图 10.1）。

由此可以看出，在试图对洞室作岩爆预测时，如果得不到比较精确的实测岩体应力，能够判明岩体应力的主应力方向也很有用，可以粗略估计岩爆可能发生的部位，对于采取有效的防护措施也是有益的。此外，还可以有效地指导设计工作，洞线确定之后，岩体初始应力是固有值，不能人为改变，要得到一个稳定性好的洞室，最重要的是选择好的孔形，甚至是选择好的分部开挖步骤。在挪威的地下工程中，根据岩体应力状态，洞形选择的原则见表 10-1。

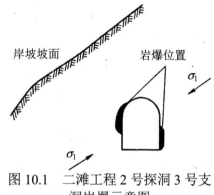

图 10.1　二滩工程 2 号探洞 3 号支洞岩爆示意图

表 10.1　挪威地下工程中根据应力水平确定设计原则表

应力水平设计原则	大主应力方向		
	垂直	水平	倾斜
中等应力水平：应力均匀分布，以避免局部不稳定	高边墙做成曲线形，以免失稳	可用直的高边墙	当应力很不等向时，用不对称断面
高应力水平：将不稳定部分集中，以减少支护面积	避免高边墙	顶拱加固集中在一小范围内	不对称断面，曲墙

10.3　洞室围岩脆性破坏

10.3.1　岩石脆性坏机制

岩石是带有各种缺陷的地质材料，在试验室岩石试样尺度范围，含有矿物颗粒、晶体、微裂缝等缺陷，而在洞室围岩尺度范围，还会有岩脉、节理、裂隙等缺陷。大量的室内试验反映岩石有脆性断裂性质。岩石样品试验的破坏机制大体上有脆性劈裂破坏、剪切过程伴生拉伸破坏和纯剪切破坏。在低围压和单轴压力作用下，岩石没有明显的剪切面，破坏面杂乱排列，这表明在单轴压力（或低围压）作用下，岩石的脆性断裂特征更突出。杂乱排列的许多破裂面，是岩石中各种缺陷引起的裂缝扩张，只是在它们产生时岩样还完整，肉眼不可能看到，直到岩样到达极限状态时才反映出来。但是，在压缩试验过程中用声发射仪可以记录到由于岩石微破裂产生的高频脉冲。岩石在高围压下破坏多呈剪切破坏，破坏面明显。

在岩石中，各种缺陷是随机分布的，如果微裂隙与最大主应力 σ_1，平行，则微裂隙端部产生横向拉应力集中，微裂隙可能导致拉伸破坏。如果微裂隙与最大主应力 σ_1 斜交，最大拉应力将不发生在微裂隙端部，而发生在裂隙端部附近的某一点，裂隙将不沿自己的方向扩张，而是偏向最大主应力方向（图 10.2）。在脆性岩石的单轴压缩试验中，经常可以看到岩石呈劈裂破坏，就是这个缘故。

脆性断裂的特点之一是强度高的材料其断裂韧度 K_c 值相对较低。这是因为高强度材料不容易发生塑性变形，材料裂缝扩展所需要的功反而小，因此，在高强度的材料中容易在低应力发生脆性断裂。花岗石等结晶岩的强度较高，弹性性能也比较突出，容易产生岩爆。

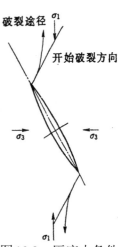

图10.2　压应力条件下裂缝端部开始破

脆性岩石破裂时产生脉冲波向岩石四周传播，这种效应在岩石力学中常被比作微震活动，也称为声发射，一般频率较高。在岩石受力过程中，在低应力脆性破裂时开始出现声发射，随着应力增加声发射变得活跃，岩石接近破坏时可能发出噼啪声，有时人耳可闻。岩石声发射反映岩石的破坏过程，它也可以作为岩石破坏的前兆现象，在洞室岩爆的监测中声发射是一个重要的效应。

脆性岩石从开始破裂到最终破坏的过程中，扩容是另一今重要现象。这种宏观扩容是由于微观破裂所引起的，扩容现象也能反映岩石的破坏过程。实际上扩容现象也是发生地震和岩爆的一个前兆信息，也可以作为预报的一种方法。

在图 10.3 中，σ_1 为平均轴向应力；$\Delta V/V$ 为体积应变；ε 为平均轴向应变；f 为声发射事件频率。阶段 A 为微裂隙与孔隙闭合，非线性变形；阶段 B 为可恢复弹性变形；阶段 C 开始扩容[图 10.3（a）]，微裂隙处于单个稳定传播阶段；阶段

D，从图 10.3（c）看出破裂事件迅速增加，从图 10.3（a）看出体积变化也迅速增加，开始形成拉伸或剪切破坏面。

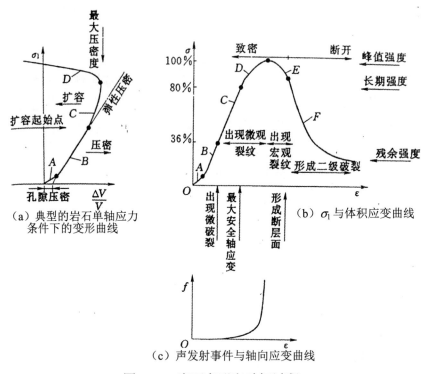

（a）典型的岩石单轴应力
条件下的变形曲线

（b）σ_1 与体积应变曲线

（c）声发射事件与轴向应变曲线

图 10.3　岩石变形和破坏过程

　　岩石的破坏过程就是断裂的发展过程，破裂前一阶段出现的微破裂往往是单个并呈稳定传播，相当于图 10.3 中的阶段 C 到了阶段 D，破裂的数量和尺度急剧增加，破裂的发展最后沿宏观破坏方向集中，在这个阶段岩石的扩容和声发射事件的频率急剧增加。

　　上面已经提到，脆性岩石在低应力时出现的破裂为脆性断裂，但是岩石中各种天然缺陷杂乱排列，不可能按断裂力学方法进行分析。反映岩石脆性破坏目前仍用平均应力状态建立的 Griffith 准则，而根据试验结果检验，反映岩石最终破坏仍以 Coulomb-Navier 准则为好。

　　反映岩石破裂的 Griffith 准则，是根据脆性岩石破裂的物理模式建立的。在 Griffith 准则中，认为岩石中充满狭长尖锐的裂缝，它们的存在改变了岩石中的应力分布，甚至在压应力作用下，裂缝表面某些点上也会产生拉应力，促使裂缝扩张。裂缝的扩张是由于缝端应力集中造成的，而应力集中又取决于缝的方向、长度、缝端的曲率半径，在许多裂缝中它们产生扩张的先后不一。根据退化成狭缝的椭圆孔口应力状态，建立了反映缝边最大切应力和与岩石中宏观最大主应力成临界角的裂缝最先扩张的 Griffith 准则。它是考虑了裂缝的不均匀性，用平均应力状态表示的均匀化了的破裂准则。在压应力作用下，Griffith准则只是岩石的破裂准则；在拉应力作用下，脆性破裂一经出现就一破到底，破裂与宏观破坏同时发生。

在二维应力状态中，用应力 σ_1、σ_3 表示的 Griffith 准则为

当 $\sigma_1 + 3\sigma_3 > 0$ 时，$(\sigma_1 - \sigma_3)^2 = 8\sigma_T(\sigma_1 + \sigma_3)$ （10.1）

当 $\sigma_1 + 3\sigma_3 < 0$ 时，$\sigma_3 = -\sigma_T$ （10.2）

式中　σ_T——岩石的抗拉强度，拉伸用负值表示。

式（10.1）又可改写成

$$\tau^2 = 4\sigma_T(\sigma_T - \sigma)$$ （10.3）

这就是与岩石破裂相应的莫尔包线。

由 Griffith 准则可以得到最先产生破裂的临界裂缝的方位，即

$$\cos 2\psi = \frac{1}{2}\left(\frac{\sigma_1 - \sigma_3}{\sigma_1 + \sigma_3}\right)$$ （10.4）

式中　ψ——临界裂缝与最大主应力 σ_1 之间的夹角。

反映岩石破坏的 Coulomb-Navier 准则是根据经验描述建立的，它描述岩石破坏是比较成功的。在 Coulomb-Navier 准则中，认为岩石是均匀介质，岩石破坏只取决于平均应力状态，当某一平面上剪应力达到极限值时，岩石沿该平面破坏。它的形式是熟知的，即

$$\tau = c + f\sigma$$ （10.5）

式中　c、f——岩石凝聚力和内摩擦系数。

式（10.5）也可以写成主应力表示的形式，即

$$\sigma_1[(f^2 + 1)/2 - f] - \sigma_3[(f^2 + 1)/2 + f] = 2c$$ （10.6）

前面的讨论说明，Griffith 破裂准则和 Coulomb-Navier 准则或修正的 Griffith 破坏准则分别是岩石破坏区域的下限和上限（图10.4）。它们相似于弹塑性状态中初始屈服和极限状态，但是破裂准则与破坏准则的数学形式不同，即在应力空间中破裂面与破坏面不同，好像弹塑性理论中的非等向强化，并且从脆性破裂到终极破坏的过程中没有类似弹塑性理论中后继屈服过程的过渡破坏准则。在脆性岩石破坏过程中，随着应力增加断裂的数量和尺度都不断增加，但是在发展到宏观破坏过程中岩石的宏观应力应变关系接近线性，这将为数值计算带来一些方便。

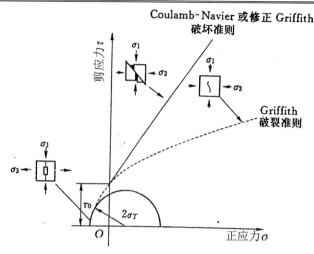

图 10.4　岩石脆性破坏准则

10.3.2　圆形洞室岩爆破坏机制

　　根据天生桥二级水电站隧洞岩爆现象分析以及国内外文献对岩爆实例的介绍，岩爆多呈两种破坏状态：一是劈裂破坏，二是剪切破坏（图 10.5）。

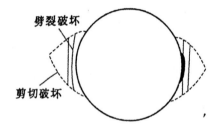

图 10.5　洞室围岩的可能破坏机制

　　1．岩爆的劈裂破坏机制

　　洞室孔口附近岩体径向应力 σ_r 比较低。在洞口，最小主应力 $\sigma_3 = \sigma_r = 0$ ，最大主应力 $\sigma_1 = \sigma_\theta$ 。因为应力差 $\sigma_\theta - \sigma_r$ 比较大，如果岩石性质较脆，有可能当 σ_θ 小于岩石抗压强度时，围岩产生脆性断裂。又因为 σ_θ 为最大主应力，并且与孔口平行，在孔边缘发生的脆性断裂，其断裂面必然与孔口边界平行，断裂面呈劈裂状。显然，洞室中岩爆的劈裂破坏属于脆性断裂。至于断裂面为什么会脱离岩体并喷射出来，虽然从宏观看这时洞室围岩应力状态只达到破裂状态，并没有进入极限状态，但是微裂隙或微裂隙带的应力状态实际上已经进入不稳定状态，可能由一个断裂面或若干断裂面扩展成一个大的不稳定断裂面，这种局部范围的岩体不稳定状态导致岩石劈裂剥离或岩爆。其破坏机制如图 10.5 所示中的实线。天生桥工程中 2 号支洞及与 2 号支洞衔接的主洞中发生过多次劈裂破坏岩爆（图 10.6）。

　　洞室围岩发生岩爆与岩石试样在单轴压缩试验时的破裂同为脆性断裂，但是在岩样试验过程中，脆性破裂只能从声发射中测量到，以及在岩样最终破坏机制中看到，当岩样应力状态达到岩石破裂应力时，很少发现岩样边缘出现类似岩爆的剥离现象。分析其原因，大致有以下几点：

（1）岩石样品中主应力 σ_r 的分布比较均匀，破裂阶段的裂纹分散在岩样中，而洞室围岩的主应力 σ_θ 在边界上大，并以较大梯度向岩体内部递减，因此破裂阶段产生的裂纹集中在洞边缘。

（2）岩石样品的两端受压力机横向约束，而洞室边界没有径向约束（指开挖后的毛洞）。

（3）洞室围岩比岩石样品有较大的微裂缝和裂缝，它的张开型及滑裂型应力强度因子 k_{I} 及 k_{II} 比岩石样品高。在岩石样品中小裂缝情况下名义应力达到某一数值时发生的断裂现象，在洞室围岩中在较低名义应力下就可能发生。

图 10.6　1 号主洞 6+000 桩号附近成片岩爆，灰岩中很少裂隙发育
（水利部贵阳勘测设计院邹成杰摄；本图书后有彩图）

因此，洞室围岩有可能在切向应力 σ_θ 低于抗压强度时因产生脆性断裂而剥离或喷射。而岩石样品在产生脆性断裂时不容易在表面产生剥落，直到应力达到极限状态才能反映出来，破碎后的岩块发生强烈喷射。

因为岩石出现脆性断裂时只有断裂面释放能量，断裂面产生的能量在裂缝开展中消耗一部分，有一部分将转移到附近的岩体，其中包括作为应力波的形式向外扩散。因此，转化成喷射岩石的动能不多，劈裂破坏的岩爆较弱（某一小块岩石较强喷射伤人的可能性还是存在）。

从理论上讲，围岩脆性破坏是瞬时完成的。但是，从天生桥引水隧洞的实际情况看，开挖后岩爆在 24h 内活跃，有的甚至持续 1 个月左右。持续期间，掌子面已经推进甚远，开挖引起的围岩静态应力扰动已经波及不到岩爆发生地点，持续发生的岩爆属于岩石流变性质引起的微裂缝流变断裂失稳效应。

根据断裂力学分析，缝端应力分量公式不含弹性常数，如果应力强度因子中不含弹性常数，当外力不变时，流变以后缝端应力不变。如果相应的线弹性应力强度因子中含有弹性常数，则流变岩体中缝端应力将随时间变化。断裂力学还告诉我们，缝端位移公式中含弹性常数，因此，缝端位移是时间的函数。

在线弹性断裂力学中能量释放率 G 与应力强度因子 k 是等价的，在流变岩石中 G 与 k 不再等价。黏弹性体中 G 也是与时间和流变常数有关的函数，它包括两种情况，即弹性后效与定常黏性流。如果岩石符合 Kelvin 体，发生弹性滞后效应，则存在一个应力：低于它，裂缝永远不会达到临界状态；高于它，将进入临界状态，裂缝扩张。如果岩石符合 Maxwell 体，发生定常黏性流，裂缝迟早达到临界状态，并高速扩张。

岩石的流变性质比较复杂，能量释放率中包含上述两部分，在低应力状态下只有弹性滞后效应，应力大于某一临界值以后才有定常黏性流出现。

地下工程中，软岩的流变效应经常从洞室围岩宏观变形上反映出来。坚硬岩石从流变宏观变形上并不明显，它的流变效应从洞室的滞后劈裂破坏上显示。这就造成了开挖后滞后发生的岩爆，它的破坏机制仍属于劈裂破坏，只是多了时间效应。

2. 岩爆的剪切破坏机制

根据 Coulomb - Navler 破坏准则，对圆形洞室用极限平衡理论分析，洞口岩石破坏区呈对数螺线型（图 10.5 中的虚线）。根据理论分析结果还可以知道，直壁孔口的极限破坏呈楔形。

在 1 号支洞和近 1 号支洞的主洞中岩爆造成的围岩破坏痕迹中可以看到，破坏面沿隧洞纵方向与洞壁成 18°～40°交角，平行排列。不论在支洞或是在主洞，破坏面总是向开挖面相反的方向伸展（图10.7）。

围岩留下的形如"倒刺"的剪切破坏，也反映发生这种破坏的围岩应力已经达到极限状态（或称峰值）。这种沿隧洞纵方向与洞壁成斜交、平行排列的破坏面反映了

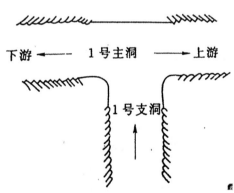

图 10.7　开挖方向对破坏

纵向应力对剪切破坏的影响。根据理论分析，在与隧洞纵轴垂直平面上，垂直岩体应力和水平岩体应力分别为最大主应力 σ_1 和最小主应力 σ_3 时，圆形洞室围岩破坏对数螺线形如图 10.8（a）所示；当最大岩体应力 σ_1 作用在洞轴线方向时，洞壁将发生形如图 10.8（b）的破坏形状。由于隧洞开挖过程中，开挖暴露出来的围岩表面 $\sigma_r = 0$，应力状态最为不利，因此，破坏面向开挖后的临空方向发展，没有出现共轭破坏面。

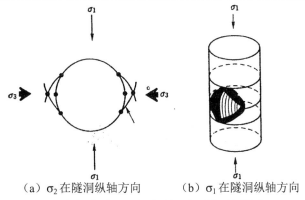

（a）σ_2 在隧洞纵轴方向　　　（b）σ_1 在隧洞纵轴方向

图 10.8　中间应力σ_2对圆形洞室破坏的影响

当岩石应力达到极限强度造成不稳定状态时，不仅破坏区内岩石释放能量比破裂时多，而且破坏区以外也有一部分完整岩体将发生应力降，也要释放能量，因而有较大能量转化成动能，好像大炮发射时来自炮膛的推力造成岩石出现强烈的喷射现象。

岩体极限破坏区受各种尺度不连续面的影响，往往破坏面为不规则形状，不一定呈对数螺线形或楔形。可能呈块状或整块岩石喷射，也可能破坏区呈对数螺线形或楔形，但是破坏区内的岩石往往呈各种形状散射出来（图 10.9）。有趣的是不管微裂隙和裂隙的产状如何，在围岩应力较低时发生的劈裂状岩爆总是呈与孔口表面平行的劈裂破坏，这是由脆性断裂的性质所决定的。

图 10.9　天生桥隧洞中 2 号主洞中一次顶部特大岩爆，
顶部崩落成拱形，大量破碎岩块散落洞底
（水利部贵阳勘测设计院邹成杰摄；本图书后有彩图）

又出于孔口应力状态是应力差 $\sigma_r - \sigma_\theta$ 在孔口人，随着岩石深度增加而 $\sigma_r - \sigma_\theta$ 逐渐下降，如果洞室围岩应力较高，在距孔口一定距离处岩体应力已经达到极限状态，岩体呈对数螺线或楔体破坏，但是在孔口边界上$\sigma_r = 0$，岩体应力，为单向应力状态，在这个部位岩体仍然可能出现劈裂状破坏。因此，在围岩应力比较高的洞室围岩中，先喷射片状岩石可能是随后喷射较大块石的前兆现象。

至此，可以看到洞室岩爆的两种机制：劈裂破坏和剪切破坏是围岩在不同应力水平时的破坏。而岩石脆性断裂和极限破坏时的应力状态分别服从于 Griffith 准则和 Coulomb-Navier 准则，它们可以反映岩爆的两种状态。

10.4　圆形洞室岩石脆性破坏物理模拟

国内外在岩爆预测的数值方法方面还没有取得突破性进展，主要原因是对岩爆机制尚未了解透彻，建立力学模型比较困难。在天生桥二级水电站隧洞的岩爆系列研究工作中探索了用数值方法预测岩爆的可能性。根据对该隧洞的岩爆现象进行的机制分析，建立了数学模型，然后作了定量的岩爆预测。

由于岩石的高度非均匀性并含有各种尺度的不连续面，它们对岩体的破坏比对岩体宏观应力应变关系的影响更为突出，不仅岩石的强度参数比变形参数离差更大，而且岩体的破坏机制也十分复杂，并有一定的随机性。此外，在洞室二次应力扰动范围内，由于地质背景影响，岩体初始应力可能在某些局部范围出现突然变化，造成局部地带实际应力与宏观应力计算值规律不符。因此，仅仅依靠隧洞原形的岩爆现象进行机制分析，有可能受到岩体非均匀性的影响而不足以揭露岩爆的本质性规律。

物理模型试验有其独到的优点，在进行数值分析工作的同时，开展了本项物理模拟研究，目的就是要充分发挥在模型材料性质、力学参数和所加应力均为已知的条件下，研究洞室围岩发生脆性破坏时的应力条件、破坏机制以及洞室围岩破坏过程与应力水平之间的关系。

10.4.1　洞室围岩脆性破坏模型试验的技术条件

本次试验旨在对脆性岩石中洞室破坏机制进行研究，因此对于模型材料不要求与天生桥二级水电站工程的洞室全部满足相似率。但是，为了在模型上显示出脆性破坏特性，对于模型材料有一定要求。

产生岩爆必须具备以下三个条件：

（1）洞室围岩由于应力集中，在局部范围内围岩应力达到破裂状态甚至达到破坏状态。

（2）围岩为脆性岩石，即岩石有较好的线性应力应变关系，脆性岩石破坏过程中首先出现破裂，从破裂到破坏是一个逐步发展的过程。

（3）岩石破裂和破坏后都分别有足够的能量造成局部围岩失稳，造成岩石弹射现象。

　　本次试验的目的主要是研究岩爆造成的洞室围岩脆性破坏机制，并不企图在模型土反映岩爆的弹射现象，因为这是难度很高的要求。但是，在研制模型材料时仍尽量使材料满足可能发生岩爆的能量准则，采用了波兰衡量岩爆发生的岩爆倾向性指数 W_{ET}。W_{ET} 的定义为（参见本章冲击倾向理论）

$$W_{ET} = \frac{E_2}{E_1}$$

式中　　E_1——岩石的耗损应变能；

　　　　E_2——岩石的弹性应变能；

　　根据波兰国家标准，定为：$W_{ET} \geqslant 5.0$ 为严重岩爆；$W_{ET} = 2.0 \sim 4.9$ 为中低度岩爆；$W_{ET} < 2.0$ 为无岩爆。

10.4.2　模型孔口脆性破坏机制

　　在垂直岩体应力 P_x 与水平岩体应力 P_y 为 1：2 条件下进行了模型试验，模型尺寸为 80cm×60cm×20cm，模型中央开直径为 12cm 的圆孔模拟隧洞。当荷载加到 $P_x = 1.4$MPa、$P_y = 2.8$MPa，洞室开始出现劈裂破坏。当荷载加到 $P_x = 1.6$MPa、$P_y = 3.2$MPa 时开始出现剪切破坏，然后随着荷载增加，破坏区的深度增加，呈笋皮状剪切破坏特征愈来愈明显。模型试验反映的破坏过程是逐步发展的，由片状破裂发展到剪切破坏（图 10.10 和图 10.11），天生桥二级水电站中的两种岩爆破坏机制分别是破坏的起始状态与最终状态。

图 10.10　岩爆物理模型试验，应力较低时发生劈裂破坏，
已崩落，照片中可见笋皮状的剪切破坏（本图书后有彩图）

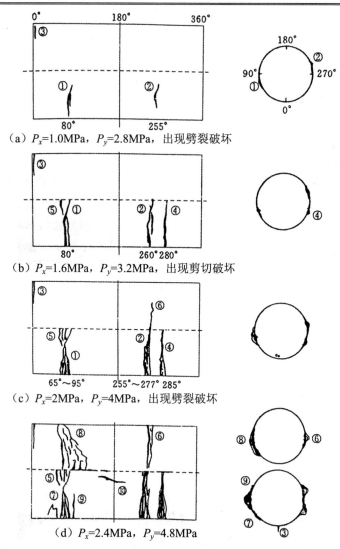

图 10.11　模型洞周围岩破发展过程（试验结果）

（注：网中①～⑩表示破坏发生的前后顺序）

　　从模型试验可以看出，孔口的破坏过程是逐步发展的，开始时是掉渣，逐步发展成为笋皮状、厚约 0.5～1mm 的中部厚周边薄的片状破坏，它形成的破坏区呈螺旋线状的剪切破坏带。

　　天生桥二级水电站引水隧洞中，岩爆造成围岩破坏有两种机制，是两种应力水平的产物，劈裂破坏属于岩石脆性断裂，剪切破坏为岩石应力达到峰值时的极限状态。前者形成的破坏面与孔口边界平行，后者与孔口边界斜交，在圆形隧洞中呈对数螺旋线形。劈裂破坏的单块剥落体最小厚度约 1cm，反映在模型上厚度仅 0.1mm，只能是掉渣的规模。模型上应力加到足够大阶段，孔口出现笋皮状破坏，即剪切破坏。模型中再现的破坏机制与天生桥隧洞中的实际情况相同。

10.4.3 物理模型的数值计算结果

对模型进行了有限元数值计算，其几何尺寸、荷载条件以及物理力学参数都同物理模型完全一致。

计算结果见图 10.12，其中斜线阴影区为劈裂破坏，黑色区为应力达到峰值时造成的剪切破坏。图 10.11 表示在 P_x=0.8MPa、P_y=1.6MPa 时洞周岩石出现破裂区；在 P_x=1.0MPa、P_y=2.0MPa 时围岩出现剪切破坏区。以后随着荷载增加剪切破坏区和破裂区不断增加。

10.4.4 试验结果与计算结果比较

试验与计算都是根据同一力学模型即围岩为弹性—脆性破裂—剪切破坏模型，它是根据脆性岩石的力学性质和岩爆造成的围岩破坏机制建立的。试验结果与计算的结果吻合，反映洞室围岩脆性破坏机制和破坏发展过程符合实际情况，表明力学模型正确。

而在模型试验中（图 10.12），洞周围岩在荷载为 P_x=1.4MPa、P_y=2.8MPa 时开始出现劈裂破坏；当 P_x=1.6MPa、P_y=3.2MPa 时洞周发生剪切破坏。而计算结果，劈裂破坏和剪切破坏分别在 P_x=0.8MPa、P_y=1.6MPa 和 P_x=1.0MPa、P_y=2.0MPa 时发生。计算与试验的共同特点是破裂发生较晚，当围岩发生破裂后很快进入破坏状态，即破裂时的切向应力已经接近抗压强。究其原因，可能是材料的抗压与抗拉强度比较小，约为 10.6。根据 13.4 节所述天生桥二级水电站隧洞 6+550 断面，在灰岩中发生劈裂破坏岩爆的切向应力计算值为 32MPa，灰岩的抗压强度是 80MPa，破坏时的压力为抗压强度的 40%，比模型试验小，而天生桥的计算中采用的抗拉强度为 3MPa，压拉比约为 26.7。

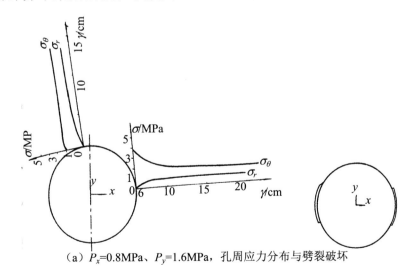

（a）P_x=0.8MPa、P_y=1.6MPa，孔周应力分布与劈裂破坏

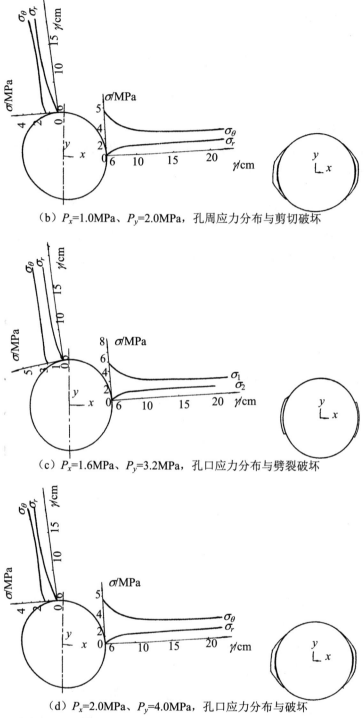

（b）P_x=1.0MPa、P_y=2.0MPa，孔周应力分布与剪切破坏

（c）P_x=1.6MPa、P_y=3.2MPa，孔口应力分布与劈裂破坏

（d）P_x=2.0MPa、P_y=4.0MPa，孔口应力分布与破坏

图 10.12 模型洞周围岩破发展过程（有限元计算值）

　　模型试验中洞室发生破裂和达到破坏时的荷载 P_x、P_y 比计算值要高。造成此现象的原因可能是模型材料不是完全弹性体，洞周应力集中区有弹塑性屈服

现象，即应力有向外围弹性区转移趋势，并不立即发生脆性开裂和脆性破坏。

根据隧洞岩爆破坏机制建立的力学模型及计算机程序，对模型计算结果与试验反映的洞室围岩破坏过程很好吻合。这表明对岩爆破坏机制建立的数学模型正确，由此建立的有限元计算机程序可供地下工程设计应用，在岩爆防治方面作了以下计算工作：

（1）岩爆数值预测。

（2）对圆形、马蹄形和直角圆弧形三种洞形断面作了比较。

（3）对直角圆弧形断面施工中采用二次开挖方案和三次开挖方案作了比较。

（4）喷混凝土及锚杆加固围岩的效果。

10.5 岩爆发生准则

10.5.1 岩爆强度准则

综上所述，可以看到洞室岩爆的两种机制——劈裂破坏和剪切破坏是围岩在不同应力水平时的产物。而岩石脆性断裂和极限破坏时的应力状态分别服从 Griffith 破裂准则和 Coulomb-Navier 破坏准则（图 10.4）。Griffith 准则反映发生岩爆的临界状态，是岩爆的强度准则；Coulomb-Navier 准则反映岩爆的另一种状态，这时应力水平已经高于临界状态，其强烈程度和破坏范围都高于前者。

10.5.2 岩爆失稳准则

岩爆是围岩中储存的能量由于岩体失稳而释放。既然岩爆事件是由不稳定性引起的，因此，除了破坏准则之外，还需要讨论其失稳准则。

1. 岩爆失稳理论

不稳定平衡是指这样一种状态，即只要加上很小的力，就能使系统失去平衡，系统就要释放能量。岩爆的发生就是围岩组成的力学系统的失稳过程。因为围岩中伴发岩体震动，因此，又是一个动力失稳过程。动力失稳过程的数学模型很复杂，可以认为岩爆的孕育过程是准静态过程，，即岩爆的发生是围岩组成的变形系统处于不稳定平衡状态，失稳后变到新的稳定平衡状态的过程。因此，可以把问题归结为研究失稳前的变形系统稳定性。

处于平衡状态的变形系统，其势能必定有驻值。平衡状态是否稳定，取决于驻值是极大值还是极小值。变形系统势能有驻值时，势能 Π 的一次变分为零，即

$$\delta \Pi = 0 \tag{10.7}$$

当势能有驻值，并为极小值时，系统势能二次变分大于零，系统为稳定的。若二次变分小于零，即

$$\delta^2 \Pi < 0 \qquad (10.8)$$

则系统势能为极大值，系统为不稳定平衡，这就是变形系绕平衡状态稳定性判别准则。其增量形式为

$$\delta^2 \Pi = \int_v \delta\{d\varepsilon\}^T \{D_{ep}\}\delta\{d\varepsilon\}dV < 0 \qquad (10.9)$$

式（10.7）只有在弹塑性刚度矩阵 $[D_{ep}]$ 为负定的才可能出现负值，即只有在应力达到峰值以后围岩呈现软化性质才可能出现。

此外，根据 Drucker 确定的岩石稳定性准则也可以得到同样的结果，满足下式时材料不稳定，即

$$\int d\sigma \cdot d\varepsilon < 0 \qquad (10.10)$$

材料失稳，亦即应力达到峰值以后为应变软化才能满足式（10.10）。

上文分析，岩爆发生的强度准则为 Griffith 准则。Griffith 准则是岩石中微裂隙开始扩展的准则，在压应力场中反映裂缝稳定开展。根据线性断裂力学，用能量表示的裂缝开展条件为

$$\frac{\mathrm{d}}{\mathrm{d}a}(U - W) = 0 \qquad (10.11)$$

$$\frac{\mathrm{d}U}{\mathrm{d}a} = G \qquad (10.12)$$

$$\frac{\mathrm{d}W}{\mathrm{d}a} = R \qquad (10.13)$$

式中　U ——开裂释放的应变能；

　　　W ——裂缝扩展时形成破裂面所需要的功；

　　　a ——裂缝长度的一半；

　　　G ——裂缝顶端的能量释放率，为裂缝驱动力，反映裂缝扩展时的能源；

　　　R ——裂缝扩展时的阻力。

Griffith 给出了临界能量释放率 G_c 为

$$G_c = \frac{\pi\sigma_c^2 a}{E} \qquad (10.14)$$

即

$$\sigma_c = \sqrt{\frac{EG_c}{\pi a}} \qquad (10.15)$$

式中　σ_c——断裂开始时的应力。

但是，根据式（10.7）可知，式（10.11）反映的是裂缝的稳定扩展，与 Griffith 准则等价。显然，$G = R$，或 $G = G_c$，是裂缝扩展条件。

因此，Griffith 准则只反映岩石达到脆性破裂，不能反映是否发生岩爆。岩

爆发生时应满足岩石断裂失稳条件，即满足

$$G = G_c \qquad (10.16)$$

岩石断裂失稳，这时岩石释放的剩余能量：

$$\Pi = U - W = \int_{a_1}^{a_2} (G - R)\mathrm{d}a_x \qquad (10.17)$$

成为裂缝高速扩展、产生应力波扩散以及供应破裂后岩片弹射脱离岩体的能源。

2．冲击倾向理论

波兰采矿科学院提出的弹性应变能指数 W，在国内外流传较广。W 是弹性应变能与耗损应变能的比值，即

$$W_{ET} = \frac{\phi_{sp}}{\phi_{st}} \qquad (10.18)$$

式中　ϕ_{sp}——煤试块的弹性应变能；

$\quad\quad\ \phi_{st}$——煤试块的耗损应变能。

ϕ_{sp}、ϕ_{st} 由加卸载应力应变曲线中的面积求得。弹性能量指数反映了达到峰值前，煤块储存应变能的能力。煤块储存的能量越多，它破坏时释放的能量也越多。因此，W_{ET} 是衡量煤的冲击能倾向指数。

按波兰的规定有：$W_{ET} \geqslant 5$ 为强烈冲击倾向；$W_{ET} = 2.0 \sim 4.9$ 为中等冲击倾向；$W_{ET} < 2.0$ 为无冲击倾向。

3．刚度理论

岩爆的刚度理论是失稳理论在一个侧面的反映，我国阜新矿业学院提出，用全应力应变曲线加载时的刚度 K_m 与卸载时的刚度 K_s（图 10.13）之比值 F_{CF} 可以判定是否可能发生岩爆。根据他们的理论，刚度比 F_{CF} 小于 1，即

$$F_{CF} = \frac{K_m}{|K_s|} < 1 \qquad (10.19)$$

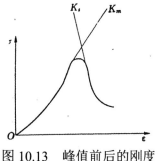

图 10.13　峰值前后的刚度

便有发生岩爆的可能。

岩爆失稳准则取决于岩石的力学性质，是岩石固有的。岩体是否产生岩爆还要受制于岩体受力情况，其应力是否达到破裂强度。

10.6　岩爆烈度

工程实践中，有人按洞室开挖前岩体应力的最大主应力与岩体抗压强度的比值进行岩爆烈度分级，他们没有考虑洞室的应力集中，显然不妥当。目前普遍用洞室围岩切向应力与岩石抗压强度的比值进行岩爆烈度分级，对岩爆预测有一定意义。但是，由此作烈度定量的分级就显得不够充分。因为岩爆发生时

围岩应力达到岩石脆性断裂的临界值，在脆性岩石中，强度越高的材料，其产生脆性断裂临界应力值就相对的低。因此，不同岩石产生岩爆时的应力与抗压强度的比值是不相同的。如对各种不同岩石按其围岩切向应力与抗压强度的比值统一序列进行烈度分级，只能是十分粗略的估计。

在目前建议的各种岩爆烈度分级方法中，Russense 根据围岩脆性破坏和岩爆的现象把岩爆分成 4 级。稍加引申，可以与岩石应力状态联系。岩石的应力状态达到 Griffith 和 Coulomb Navier 准则或修正的 Griffith 准则强度值时，分别是岩石破坏过呈中的两个主要特征状态，它们正好反映岩爆的两种程度。这样，根据岩爆现象进行岩爆烈度分级即 Russense 将岩爆分级与岩石应力状态联系在一起，见表 10.2。

表 10.2　岩爆烈度分级表

岩爆等级	描述	应力状态
0	无岩爆：无岩石应力引起的不稳定问题，岩石中无声音	
1	低的岩爆活动：有使岩石松弛与开裂的趋势，岩石中略有声音	达到 Griffith 准则强度值
2	中等的岩爆活动：岩石大量成片状或松弛，有随时间发生变形的趋势	
3	高度的岩爆活动：放炮后，边顶拱上即有严重掉块，底拱上成片状破裂或拱起，洞壁有严重的破碎和变形。可听到像开枪一样的声音	达到 Coulomb-Navier 或修改 Griffith 准则强度值

上述分级，第 1 级为低强度岩爆活动，有使岩石松弛与开裂的趋势，岩石中略有声音。实则岩石处于脆性破裂活动刚开始状态，这时围岩应力达到 Griffith 准则强度值。因为岩石只发生劈裂，而断裂过程岩石释放出来的应变能有限，属弱岩爆。又因为剥落是一些裂缝连贯而形成的，所以声发射产生得更早一步，发生岩爆时或发生岩爆之前都有声发射现象。

在 Russense 的岩爆分级中，第 3 级为较强烈的岩爆，围岩有严重破碎和变形，可听到像枪击一样的声音。据岩石样品和围岩破坏机制分析，当应力达到 Coulomb-Navier 准则强度值时，围岩破坏比较严重。由于脆性岩石达到极限破坏状态时，释放的能量比断裂时大得多，这时破坏后的岩石可能呈射击现象，有的甚至很强烈。而在岩石破坏以前，声发射也必然比断裂前活跃得多。因此，当围岩应力达到 Coulomb-Navler 准则时为第 3 级岩爆。介于上面这两级之间的第 2 级岩爆属于中等强度岩爆。

根据 Russense 的描述和判别岩爆烈度的应力准则，表 10.2 中的第 3 级岩爆，在强烈岩爆中是一个下限状态。在工程实践中有的岩爆比第 3 级岩爆描述的情况还要强烈，例如挪威的 Sima 地下电站中岩爆曾使 2～3t 重的巨石从一侧墙喷射出来，击中 20m 之外的另一侧墙；我国有的煤矿中岩爆非常严重，以致冲击出来的岩石或煤层堵塞坑道。这两个实例表明，当围岩应力状态达到极限状态后，又由于极限状态的范围不同，岩爆的强烈也有所不同。一般，岩体应力愈高，洞室围岩应力也愈高，达到极限状态的破坏范围也愈大（深）。岩石破坏后有较大的能量释放，以致将巨石抛射至远处，或者有足够多的岩石破坏并冲击出来堵塞坑道。

Russense 的岩爆烈度分级，是根据洞室围岩的破坏现象进行的。因此，岩爆的烈度只能在洞室开挖之后才能确定，把这些现象与一定的应力状态联系起来，就可能在洞室开挖以前，用数值方法进行估算。目前，估算的结果不会很精确，但用来指导洞室的设计与施工，仍有一定实用价值。

参考文献

[1] 姚宝魁，张承娟. 高地应力坝区峒室围岩岩爆及其断裂破坏机制. 地下工程，1984(12).

[2] 李协生. 渔子溪一级水电站压力隧洞中岩爆问题的分析探讨. 地下工程，1983（10）.

[3] 章梦涛. 冲击地压机理的探讨. 阜新矿业学院学报，1985(2)（2）.

[4] Broch F，Sorheim S. Experience from the planning Construction and Supporting of a road tunnel Subjected to heavy rockbursting. Rock Mech，and Rock Eng.，1984（17）.

[5] Katsuhiko Sugawara，Latsubiko kancko，Yuzo Ubara and Toshiro Aoki. Prediction of coal outburst. Proceeding of International Congress on Rock Mechanics. Montreal，Cariada,，1987：1251 -1254.

[6] John E Udd，D G F Hedley. Rock burst research in Canada 1987. Proceedings of International Congress on rock mechanics. Montreal，Canada，1987：1283 - 1288.

[7] Farmer I W. Engineering Behaviour of Rocks. Chapman and Hall，1982.

[8] Maury V. Observations recherches et resultats recents sur les mechanismes deruptures autour de galeries isolees. Proc. 6TH Inter，Cong on. Rock Mech. Montreal，Canada，1987.

[9] 陈宗基. 岩爆工程实录、理论与控制. 岩石力学与工程学报，1987（1）.

[10] 章梦涛. 冲击地压失稳理论与数值模拟计算. 岩石力学与工程学报，1987（3）.

[11] Lu Jiayou. Study on mechanism of rockburst in a headrace tunnel （Proc. of Inter. Conf. on Hydropower）.Oslo Norway，1987.

[12] 王昌明. 洞室岩爆分析. 水利水电科学研究院硕士论文，1987.

[13] 陆家佑. 引水隧洞岩爆机制研究//第一次岩石力学数值计算与模型试验讨论会论文集. 峨嵋：西南交通大学出版社，1989.

[14] 陆家佑. 岩爆——岩石力学新水平. 沈阳：东北工学院出版社，1989.

[15] 陆家佑，杜丽惠. 数值方法在岩爆预测及防治中的应用//岩石力学数值方法的工程应用——第二届全国岩石力学数值计算与模型试验学术研讨会论文集. 上海：同济大学出版社，1990.

[16] 杨淑清，张忠亭，陆家佑，等．隧洞岩爆机制物理模型试验研究//岩石力学数值方法的工程应用——第二届全国岩石力学数值计算与模型试验学术研讨会论文集．上海：同济大学出版社，1990．

[17] 陆家佑．地下洞室岩爆治理的理论与实践//中国水利水电技术发展成就——潘家铮院士从事科学技术工作 47 周年纪念文集．北京：中国电力出版社，1997．

第 11 章　脆性岩石的力学特征

11.1　引言

地下洞室围岩的应力状态只是诱发岩爆的外因,岩石的力学性质才是产生岩爆的内因。

岩爆是脆性岩石的破坏现象。但是,同为脆性破坏,也有的洞室围岩发生岩爆,而有的没有。在这一章中将通过岩石力学性质研究,了解岩石强度特性和变形特性,从而认识岩爆与岩石基本力学性质的关系。

为此,我们开展了两项试验。一项试验是通过 MTS 三轴电液伺服刚性机进行变形和强度试验,清楚了岩石性质相近的天生桥引水隧洞产生岩爆,鲁布格水电站地下厂房仅仅发生脆性破裂,没有发生岩爆,关键在于变形特性的差别。另一项试验是通过岩石破裂发展至最终破坏过程发生的高频脉冲波即声发射信息的研究,以弥补应力应变关系、强度和破坏机制研究的不足。

11.2　天生桥引水隧洞岩石三轴强度及应力应变全过程试验

本次试验主要对 2 号支洞即岩爆首先发生的部位的围岩进行室内岩石力学试验,了解其本构关系,探讨岩石的脆性破坏机制,并提供力学参数。

2 号支洞围岩为灰白色厚层灰岩,角砾状灰岩,含方解石团块。岩石新鲜,较坚硬,性脆。岩样是从 2 号支洞 0+792m 处做岩体应力的测试平洞采集的,试件是从钻孔的岩芯中切取的。试件上有肉眼可见的微裂隙,并分布有方解石弱面纹理,见图 11.7。

11.2.1　试验方法及试件尺寸

三轴试验是在 MTS 电液伺服刚性机上进行的。该机最大轴压为 450t。试件加工成 $\phi 50 \times 400$mm 圆柱体,共 18 块,试验中围压 σ_3 分别取值为 0MPa、5MPa、10MPa、20MPa、40MPa、60MPa 共 6 个等级,每级围压试验三块。试验以位移控制,速率 ε 为 1×10^{-5}/s,试验中采用 x-y 记录仪记录。

11.2.2　试验成果

1．应力应变关系

试验得出的应力应变关系全过程曲线如图 11.1（a）所示。根据单轴应力应变曲线，室内岩石的弹性模量为 18×10^3MPa，但是岩石类材料，围压对弹性模量有影响。从图 11.1（a）看出，随着围压的增大，弹性模量也有所增加；在围压 σ_3 为 5MPa、40MPa 和 60MPa 几种情况中，峰值以前的刚度 K_m 和峰值以后的刚度 K_s［图 11.1（b）］相近（符号相反）；而在 σ_3 为 10MPa、20MPa 时，峰值以后的 K_s 比峰值以前的 K_m 大（符号相反）。对于岩爆分析，这是一个十分重要的信息。

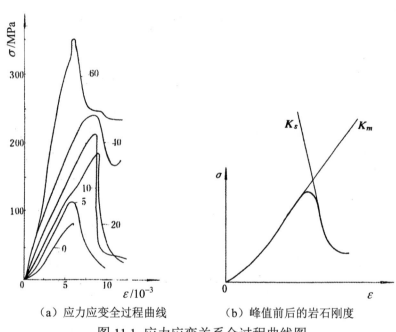

（a）应力应变全过程曲线　　　　（b）峰值前后的岩石刚度

图 11.1　应力应变关系全过程曲线图

2．强度

根据表 11.1 中围压和强度值，以 $\frac{1}{2}(\sigma_1 + \sigma_3)$ 为横坐标，以 $\frac{1}{2}(\sigma_1 - \sigma_3)$ 为纵坐标，点出了各组试验值的关系如图 11.2 所示。图 11.2 中围压 $\sigma_3 = 0 \sim 20$MPa 的点子落在一条直线附近，$\sigma_3 = 30 \sim 60$MPa 的点子落在另一条直线附近。我们分别绘出了岩样在 $\sigma_3 = 0 \sim 20$MPa 及 $\sigma_3 = 30 \sim 60$MPa 的摩尔圆及其包线（图 11.3 和图 11.4），摩尔包线呈线性。将 $\sigma_3 = 0 \sim 60$MPa 的摩尔圆综合在一起，其包线呈非线性（图 11.5）。表 11.2 给出了 c、φ 值。从表 11.2 中可以看到，随着围压的增加，c 值增加，φ 值降低，全部围压综合在一起分析的结果居中。

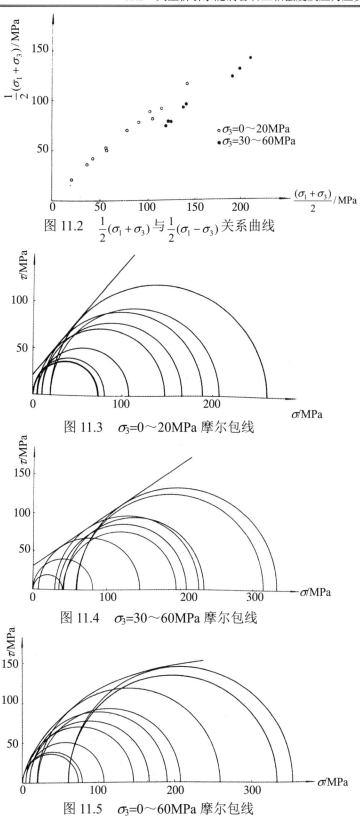

图 11.2 $\frac{1}{2}(\sigma_1+\sigma_3)$ 与 $\frac{1}{2}(\sigma_1-\sigma_3)$ 关系曲线

图 11.3 $\sigma_3=0\sim20\mathrm{MPa}$ 摩尔包线

图 11.4 $\sigma_3=30\sim60\mathrm{MPa}$ 摩尔包线

图 11.5 $\sigma_3=0\sim60\mathrm{MPa}$ 摩尔包线

表 11.1　天生桥引水隧洞 2 号洞岩爆发生区岩石室内三轴压缩试验结果

试件号	试件尺寸/cm		破坏描述	围压 σ_3/MPa	岩石破坏时的 σ_1/MPa	
	直径	高			峰值	残余值
B_{12-1}	5.07	10.18	竖向劈裂	0	72.4	
B_{12-2}	5.07	10.17	竖向劈裂	0	80.5	
B_{12-3}	5.07	10.10	完全破碎	0	40.2	
B_{2-1}	5.06	9.76	与端面成 65° 角剪坏	5	106.9	
B_{9-2}	5.068	10.18	与端部成 75° 角剪坏	5	146.9	
B_{13-1}	4.97	10.28	与端面成 60° 角剪坏	5	106.3	
B_{16-1}	5.07	10.058		10	232.2	10.5
B_{1-1}	5.07	10.12	与端面成 75° 角剪坏	10	167.2	58.8
B_{2-1}	4.97	9.97	与端面成 75° 角剪坏	10	189.9	30.9
B_{1-2}	5.07	10.13		20	185.7	
B_{9-1}	5.068	10.07	剪裂断裂面含泥蚀质	20	207.4	30.9
B_{10-1}	4.97	9.97	沿方解石剪坏	20	257.7	161.0
B_{19-1}	5.07	10.13	剪裂	40	201.2	
B_{19-2}	5.07	9.99	剪裂	40	232.1	176.4
B_{19-3}	5.068	9.95	膨胀变形竖向裂纹	40	195.0	
B_{15-2}	5.07	10.06	剪坏	60	332.8	224.4
B_{15-3}	4.97	10.19	锥形剪裂	60	354.4	
B_{15-4}	4.97	10.19	试件下部明显剪胀	60	334.3	

注　1. 试件 B_{12-1} 和 B_{12-2} 的单向抗压强度取二者平均值。

2. 试件 B_{1-1} 断裂面中原沿方解石弱面占 33%。

表 11.2　岩石强度参数表

参数	单轴（σ_3=0）	σ_3=0～20MPa	σ_3=30～60MPa	σ_3=0～60MPa
ϕ		49°	35°	47°
c /MPa		20	30	25
σ_c/MPa	76.5			

单轴抗压强度平均值为 76.5MPa，不同围岩下试样的极限承载力也是变化的，即围压增大，岩石的极限承载力相应增强（见图 11.5 及表 11.1）。也有个别试件在同一围压条件下极限承载力明显低于其他试件的情况，从试件破坏的断面分析看，该试件的破坏面基本沿原有弱面破坏。

3. 破坏机制

单轴条件下，岩样呈脆性破坏。从破坏面分析，多沿方解石弱面纹理及原有微隙扩展。随着围压的增大，岩石的破坏呈剪切破坏，剪切角一般在 60° ～80°。

一般讲，岩石本身坚硬、完整，并且具有较高构造应力的地区，容易发生岩爆。本组岩样取自岩爆已经发生的地区，岩样中存在许多微裂隙。可以推测，原状岩石的强度和弹性模量肯定比试验值高。在洞室应力集中带，高强度和高弹性模量岩石是发生岩爆的原因。

4．岩爆的倾向性

试验结果不仅提供了岩爆地区的岩石力学性质参数，更主要的是提供了判定岩爆是否会发生的信息。全应力应变曲线加载时的刚度 K_m 与卸载时的刚度 K_s 之比值 F_{CF} 可以用来判定是否可能发生岩爆。根据岩爆发生的能量准则，刚度比 F_{CF} 小于 1，即

$$F_{CF} = \frac{K_m}{|K_s|} < 1$$

便有发生岩爆的可能。在我们得到的全应力应变曲线[图 11.1（a）]中，在 σ_3 为 10MPa、20MPa 2 级围岩 σ_3 条件下 $F_{CF} < 1$；在另外 3 级 σ_3 条件下 $FCF \approx 1$。同一种岩石在不同围压下，有的 $F_{CF} < 1$，有的 $F_{CF} \approx 1$，这是由于岩石性质的非均匀性所致，同一组岩样中的试验结果有一定离差。但是，试验结果给我们总的认识是，天生桥隧洞发生岩爆的可能性较大。

11.3　鲁布格电站地下厂房岩石三轴应力应变试验

鲁布格电站地下厂房岩石三轴应力应变关系如图 11.6 所示。

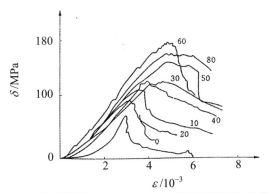

图 11.6　鲁布革电站地下厂房灰岩三轴试验结果（叶金汉教授提供）

从图 11.6 中可以得到刚度比 $F_{CF} > 1$。

鲁布格电站地下厂房的灰岩的刚度比 F_{CF} 表明没有发生岩爆的倾向。

11.4　天生桥引水隧洞岩石声发射试验

岩石是含有各种缺陷的地质材料，在洞室围岩尺度范围内有岩脉、节理、

裂隙等，在试验室岩石试样范围内有矿物颗粒、晶体、微裂隙等缺陷（图 11.7）。

岩石破坏面的杂乱排列正是各种缺陷引起的局部断裂扩展所造成。只是断裂扩展形成时岩石还完整，肉眼不可能看到，直到破坏后才反映出来。脆性岩石的破坏过程就是断裂扩展不断增加、扩大的过程，直到最后岩石宏观破坏。宏观应力应变关系呈弹性状态与呈弹塑性状态的岩石，破坏后的破碎程度可能不同。脆性断裂的特点是高强度材料不容易发生塑性变形，断裂扩展所需要的功小。因此，高强度材料更容易在低应力时发生脆性断裂。例如花岗岩等结晶岩强度高，弹性性能比较好，在单轴应力条件下破坏时，破碎得更严重，在洞室围岩中也容易发生岩爆。

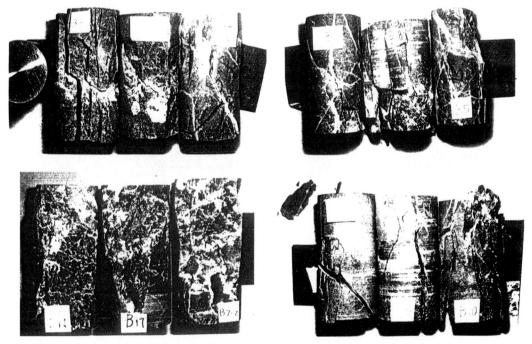

图 11.7　部分试件的破坏形态描述（图中所示白色花纹即为方解石弱面纹理）

缺陷引起的断裂扩展产生高频脉冲波，即为声发射。它是脆性岩石破坏过程的重要信息。对岩石声发射信息的研究可以弥补应力应变关系、强度和最终形成的破坏机制不足之处，有助于认识岩石的破坏规律，也有助于认识岩石工程中遇到的脆性破坏现象，如岩爆、地震等。因为声发射是岩石破坏的前兆现象，在洞室岩爆监测中是一种重要方法。

岩样是从天生桥二级水电站隧洞 2 号支洞的岩体应力测试平洞采集的，该处为灰色块状灰岩，试件是从钻孔的岩芯中切取的，并不同程度地存在着微裂隙，仔细观察岩样中存在着许多方解石弱面纹理。试件尺寸为 $\phi 50 \times 100mm$ 标准圆柱体。为避免试件两端接触面之间的摩擦效应对声发射活动的影响，对岩石截面平整度、平行度提出较高的要求。并用 0 号砂纸对逐个试件沿 45° 角打摩光滑。试验时在试件两端垫上一层塑料薄膜。

采用 200-G-1 型 200t 手动式压力试验机以减少不必要的噪声干扰，采用单轴压缩试验测定岩石应力。加载速度控制在 30kg/s。（本次试验是在国家地震局地球物理研究所试验室完成，试验中得到该试验室科研人员帮助。）

从试验中可以得到以下关系：声发射能量率 e 与岩石样品位移 u 的关系，荷载 P 与岩石样品位移 u 的关系，声发射总数 N 与应力 σ 的关系，以及应力 σ 与应变 ε 关系。

试验结果大致分两种情况。

第一种情况如图 11.8 所示。

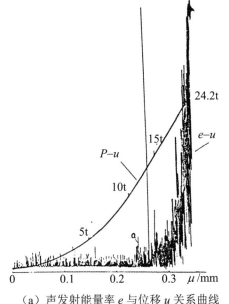

（a）声发射能量率 e 与位移 u 关系曲线
及荷载 e 与位移 u 关系曲线

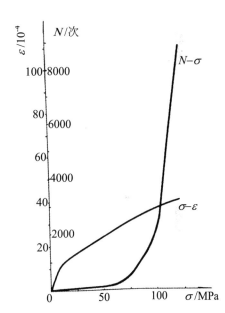

（b）声发射总数 N 与应力 σ 关系曲线及应力
σ 与应变 ε 关系曲线

图 11.8　试件 B4-3 的声发射能量率、位移、荷载、应力等参数的关系曲线

应力较低时就出现声发射，在岩石进入破坏状态前 $N\text{-}\sigma$ 曲线增长率缓慢，总的声发射事件少。应力应变曲线显示岩石受力初期微隙有压密现象。

第二种情况如图 11.9 所示。

声发射事件在应力略高时才开始产生，接近破坏前 $N\text{-}\sigma$ 曲线变得较徒，总的声发射事件较多，反映这类岩石微裂隙比第一种情况多，而受压初期没有压密现象。

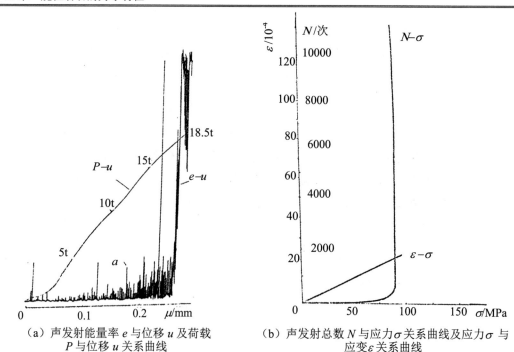

（a）声发射能量率 e 与位移 u 及荷载　　　（b）声发射总数 N 与应力 σ 关系曲线及应力 σ 与
　　　 P 与位移 u 关系曲线　　　　　　　　　　　　　应变 ε 关系曲线

图 11.9　试件 B6 的声发射能量率、荷载、位移、应力等参数的关系曲线

以上两种情况声发射状态共同特点是反映微破裂时的信息比较模糊，反映岩石达到破坏状态前的信息比较明显。据此，可以预料用声发射技术作岩爆预测时，预测弱岩爆或早期出现的岩爆难度比预测强岩爆大。

参考文献

[1]　杜丽惠，李东一，陆家佑. 天生桥引水隧洞 2 号支洞灰岩室内三轴试验. 水利水电科学院，1990.

[2]　杜丽惠，李东一，陆家佑. 单轴应力状态岩石声发射试验研究. 水利水电科学院，1990.

第 12 章　两条平行隧洞岩爆发生的相互影响

12.1　引言

天生桥二级水电站由三条平行隧洞组成，两条隧洞之间中心到中心的间距为三倍直径，根据弹性理论，当最大岩体初始应力与相邻隧洞联线垂直时，三倍直径的间距足以保证相邻隧洞的应力集中不会相互影响。但是，在天生桥二级水电站引水隧洞某些区段，岩体水平初始应力大于垂直初始应力。水平岩体应力为最大应力情况下，洞室间距为三倍直径是否保证相邻隧洞应力集中不致相互影响，尚未见报导。

为了查明岩爆是否受相邻隧洞的影响，需要研究水平应力为主应力时，相邻隧洞的应力集中是否相互影响。此外，在前一期工作中曾经根据岩爆信息开展岩爆预测工作，这项工作是按一条隧洞进行的。对相邻隧洞应力集中是否相互影响，以及按一条隧洞的岩爆信息反分析岩体初始应力和岩爆预测工作有直接意义。为此，开展了相邻隧洞应力集中的光弹性试验研究。

12.2　光弹性试验

在矩形板中开两个圆孔模拟隧洞，圆孔之间中心距离为直径的三倍，孔中心到板边界尺寸均大于直径的两倍。做了两个模型，模型 1 在 X 方向（与圆孔排列的平行方向）加荷载，模型 2 在 Y 方向（与圆孔排列的垂直方向）加荷载，如图 12.1 所示。

12.3　试验结果

图 12.2 为模型 1 与模型 2 的光弹性试验等色线。

表 12.1 和图 12.3 为模型 1，在水平应力作用下孔口应力集中系数试验值；表 12.2 和图 12.4 为模型 2，在垂直应力作用下孔口应力集中系数试验值。表 12.3 和图 12.5 是静水应力场中孔口应力集中系数，它是由模型 1 与模型 2 的试验值组合得到。表 12.1～表 12.3 和图 12.3～图 12.5 中，皆认为边界力是 1 个单位力，试验所得孔周的应力分量为无因次量，即为孔口应力集中系数。

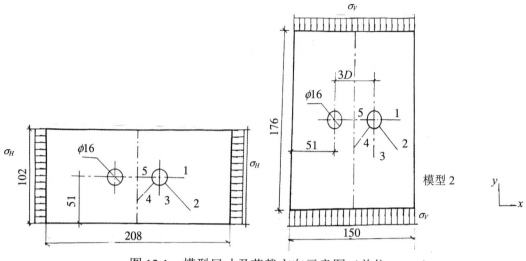

图 12.1　模型尺寸及荷载方向示意图（单位：mm）

光弹性试验结果可以根据表 12.1 和表 12.2 作线性组合，得到岩体水平初始应力与垂直应力成任何比例的孔口应力集中系数。表 12.1 与表 12.2 有较广泛的应用价值，可供设计工程师参考、应用。

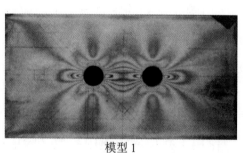

模型 1

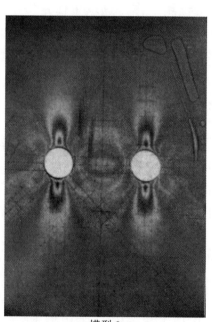

模型 2

图 12.2　光弹性试验等色线照片

12.3.1　水平方向加单位力时的孔口应力集中系数

模型 1 中 X 方向加荷载 $\sigma_H=1$ 的孔周应力集中系数见表 12.1 和图 12.3，其中 τ、θ 为以圆孔为中心的单极座标。

表 12.1 模型 1：X 方向加荷载 $\sigma_H = 1$ 的孔周应力集中系数

$L = 1$
$\theta = 0$

	σ_x	σ_y
(0)	0	−0.906
(1)	0.152	−0.116
(2)	0.696	0.102
(3)	0.863	0.061
(4)	0.905	0.044
(5)	0.936	0.045
(6)	0.952	0.031

$L = 2$
$\theta = 45$

	τ_{xy}	
(0)	0	
(1)	−0.688	
(2)	−0.0645	
(3)	−0.594	
(4)	−0.564	
(5)	−0.557	
(6)	−0.535	

	σ_x	σ_y
(0)	0	0.951
(1)	0.442	0.684
(2)	0.505	0.572
(3)	0.527	0.548
(4)	0.535	0.555
(5)	0.532	0.551
(6)	0.521	0.521

$L = 3$
$\theta = 90$

	σ_x	σ_y
(0)	2.823	0
(1)	1.813	0.357
(2)	1.277	0.237
(3)	1.109	0.099
(4)	1.045	0.065
(5)	0.991	0.04
(6)	0.0983	0

$L = 4$
$\theta = 135$

	τ_{xy}	
(0)	0	
(1)	0.644	
(2)	0.638	
(3)	0.624	

	σ_x	σ_y
(0)	0	0.921
(1)	0.403	0.63
(2)	0.503	0.57
(3)	0.533	0.555

$L = 5$
$\theta = 180$

	σ_x	σ_y
(0)	0	−0.832
(1)	0.095	−0.083
(2)	0.277	0.069
(3)	0.423	0.051
(4)	0.509	0.034
(5)	0.543	0.023

注：$L=1,\cdots,5$ 为洞周径线编号，见图 12.1。

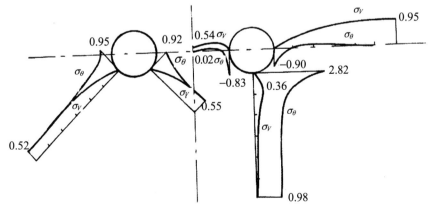

图 12.3 模型 1：x 方向加荷载 $\sigma_H = 1$ 的孔周正应力集中系数

12.3.2 垂直方向加单位力时的孔口应力集中系数

模型 II 中 y 方向加荷载 $\sigma_V=1$ 的孔周应力集中系数见表 12.2 和图 12.4，其中 τ、θ 为以圆孔为中心的单极座标。

表 12.2 模型 2：Y 方向加荷载 $\sigma_V=1$ 的孔周应力集中系数

$L = 1$
$\theta = 0$

	σ_x	σ_y
（0）	0	3.03
（1）	0.338	1.995
（2）	0.24	1.329
（3）	0.103	1.145
（4）	0.048	1.042
（5）	0.021	1.015
（6）	0.012	1.007

$L = 2$
$\theta = 45$

	τ_{xy}	
（0）	0	
（1）	−0.746	
（2）	−0.649	
（3）	−0.58	
（4）	−0.568	
（5）	−0.556	
（6）	−0.521	

	σ_x	σ_y
（0）	0	0.994
（1）	0.349	0.612
（2）	0.433	0.524
（3）	0.478	0.518
（4）	2.497	0.516
（5）	0.509	0.528
（6）	0.515	0.533

$L = 3$
$\theta = 90$

	σ_x	σ_y
（0）	−0.994	0
（1）	−0.158	0.126
（2）	0.063	0.607
（3）	0.033	0.814
（4）	0.017	0.916
（5）	0.005	0.975
（6）	0	0.993

$L = 4$
$\theta = 135$

	τ_{xy}	
（0）	0	
（1）	0.718	
（2）	0.685	
（3）	0.663	

	σ_x	σ_y
（0）	0	0.971
（1）	0.376	0.681
（2）	0.497	0.592
（3）	0.563	0.563

$L = 5$
$\theta = 180$

	σ_x	σ_y
（0）	0	2.983
（1）	0.331	1.751
（2）	0.307	1.396
（3）	0.27	1.264
（4）	0.249	1.196
（5）	0.24	1.139

注：$L=1,\cdots,5$ 为洞周径线编号，见图 12.1。

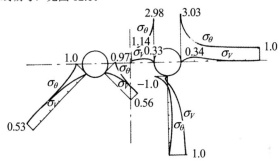

图 12.4 模型 2：y 方向加荷载 $\sigma_V=1$ 的孔周正应力集中系数

12.3.3 静水应力场中孔口应力集中系数

静水应力场中$\sigma_V = \sigma_H = 1$的孔周应力集中系数见表 12.3 和图 12.5。

表 12.3 静水应力场$\sigma_V = \sigma_H = 1$的孔周应力集中系数

$L = 1$
$\theta = 0$

	σ_x	σ_y
(0)	0	2.124
(1)	0.49	1.879
(2)	0.936	1.431
(3)	0.966	1.206
(4)	0.953	1.086
(5)	0.957	1.06
(6)	0.964	1.038

$L = 2$
$\theta = 45$

	σ_x	σ_y
(0)	0	1.945
(1)	0.791	1.296
(2)	0.938	1.096
(3)	1.005	1.066
(4)	1.032	1.071
(5)	1.041	1.079
(6)	1.036	1.054

$L = 3$
$\theta = 90$

	σ_x	σ_y
(0)	1.829	0
(1)	1.655	0.483
(2)	1.34	0.844
(3)	1.142	0.913
(4)	1.062	0.981
(5)	0.996	1.015
(6)	0.983	0.993

$L = 4$
$\theta = 135$

	σ_x	σ_y
(0)	0	1.892
(1)	0.779	1.311
(2)	1	1.162
(3)	1.096	1.118

$L = 5$
$\theta = 180$

	σ_x	σ_y
(0)	0	2.151
(1)	0.426	1.668
(2)	0.584	1.465
(3)	0.693	1.315
(4)	0.758	1.23
(5)	0.783	1.162

注：$L = 1, \cdots, 5$ 为洞周径线编号，见图 12.1。

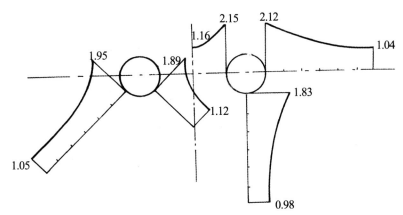

图 12.5 静水应力场中$\sigma_V = \sigma_H = 1$的孔周环向应力σ_θ应力集中系数

12.4　天生桥引水隧洞相互影响

天生桥引水隧洞岩爆区岩体水平应力大于垂直应力，它们的比例为 1.3:1。由 9.4 节知，单孔口的应力集中系数洞顶为 2.23，两侧中部为 1.3，而两个平行隧洞在岩体水平应力与垂直应力为 1.3:1 时，顶部与底部应力集中系数为 2.05，两侧中部分别为 1.46 和 1.43。

与单孔口相比，顶部与底部应力集中系数下降了 8%，两侧中部应力集中系数分别上升 12% 和 10%，因为应力集中系数为顶、底部大于两侧中部，岩爆首先在顶底部发生。事实上由于两平行隧洞相互影响，并没有增加岩体发生的岩爆的可能。

参考文献

[1]　陆家佑，林一秋. 两条平行隧洞岩爆发生的相互影响. 水利水电科学院岩土所，1993.

第 13 章 岩爆预测与治理的工程应用

13.1 引言

本章介绍天生桥二级电站隧洞与鲁布革电站地下厂房围岩稳定分析。前者在施工过程中发生岩爆，后者没有，只是在开挖完成后围岩中发现脆性破裂痕迹。

天生桥工程在岩爆发生后，对未开挖部分作过岩爆预测工作，预测工作包括：岩石力学性质试验，得到应力应变全过程曲线，用岩爆失稳准则的刚度理论判定预测断面有岩爆倾向；通过已开挖部分的岩爆信息反分析求得岩体应力；最后用有限元方法计算断面围岩应力，计算结果表明局部范围应力已经达到岩石破裂强度，即满足岩爆的强度准则。预测结果随后得到证实。

岩爆预测实质上是利用工程实际情况对岩爆是否发生的失稳准则与强度准则的检验。于是，进一步用数值计算方法分析了断面形状和开挖程序对岩爆的影响，以及喷混凝土和锚杆加固围岩的效果。

鲁布革地下厂房围岩没有发生岩爆，只出现脆性破裂，根据其岩石应力应变关系得到的刚度比和有限元应力计算都较好地反映了围岩实际状况，同样检验了岩爆失稳准则和强度准则，表明它们可靠。鲁布革的分析工作是天生桥岩爆预测工作的有力补充。

13.2 天生桥水电站隧洞岩爆造成围岩失稳

13.2.1 天生桥水电站隧洞岩爆简况

南盘江天生桥二级水电站是一座低坝、长隧洞引水式电站，引水口与调压井之间用三条直径约为 10m 的圆形隧洞连接，洞长约 10km，隧洞之间间距约为 50m（图 13.1）。隧洞施工采用了掘进机和钻爆法，隧洞全线有三条施工支洞，其中 2 号支洞位于尼拉背斜与中山包向斜的过渡地带。洞轴线与褶曲轴线大致平行。2 号支洞长约 1.3km，也是 10m 直径的圆形隧洞，用掘进机开挖。

隧洞沿线以灰岩和白云质灰岩地段较长。自桠叉口以上，灰岩段长约 7km。灰岩抗压强度 60~100MPa。自桠叉口以下岩层主要由中至薄层灰岩夹砂岩、页岩、泥岩组成，岩石比较破碎，没有岩爆发生。岩爆发生在灰岩中，2 号支洞位于灰岩中，岩爆首先在这里发生。隧洞埋深较大，主洞平均埋深约 400m，最深处达 760m（图 13.2）。

1986 年 1 月，岩爆首先发生在 2 号支洞中，在一个季度中连续发生多次，其中观模较大的有 5 次。首先发生岩爆处的隧洞埋深约为 200～250m。2 号支洞的深度由外向主洞方向增加，5 个岩爆区段的岩爆破坏范围正是由外向主洞方向增加。这 5 个地段岩爆反映了岩爆的破坏范围的大小与孔口应力状态有关。

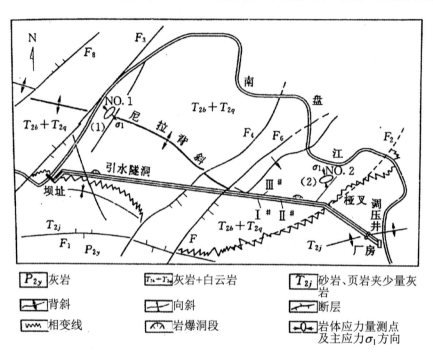

图 13.1　隧洞区平面地质略图

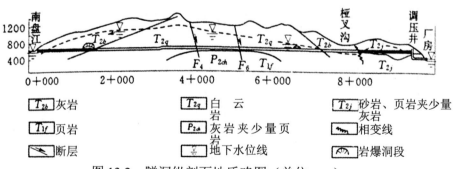

图 13.2　隧洞纵剖面地质略图（单位：m）

岩爆部位岩石为灰白色厚层灰岩、角砾状灰岩，含方解石团块，岩石新鲜、较坚硬。性脆，表面无明显裂隙、岩石干燥，岩爆发生在顶拱左侧，逐渐过渡到正中（图 13.3）。岩爆首先发生在与掌子面距离约 1 倍隧洞直径处，在 24h 内活动较频繁，延续 1～2 个月后逐渐减弱并停止。

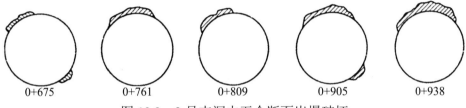

| 0+675 | 0+761 | 0+809 | 0+905 | 0+938 |

图 13.3　2 号支洞中五个断面岩爆破坏

上述 5 个部位的岩爆造成的围岩破坏呈劈裂剥落,岩石破坏时伴发劈啪声,人耳可闻,剥落体一般长 15～30cm、宽 7～10cm、厚约 1cm,破坏范围多层次劈裂破坏形见图 13.4（a）。劈裂破坏的岩爆较弱,有的底拱上岩石形成多层次劈裂破坏后,没有足够的能量喷射出来。

后来发生的岩爆有的较强,并出现剪切破坏。这种现象在 2 号支洞进入主洞后即有发生。此外,在上游 1 号支洞及其附近的主洞,也出现过这种形如"倒刺"（图 13.5）的剪切破坏。沿隧洞纵方向与洞壁成 α =18°～40°交角,平行排列,间距为 30～40cm,见图 13.4（b）。不论在支洞中或是在主洞中向上游方向开挖或是向下游方向开挖,破裂面总是向与开挖方向相反方向发展（图 13.5）。

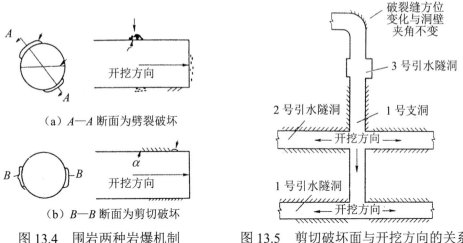

（a）A—A 断面为劈裂破坏

（b）B—B 断面为剪切破坏

图 13.4　围岩两种岩爆机制　　　　图 13.5　剪切破坏面与开挖方向的关系

13.2.2　根据刚度理论推测岩爆倾向

中国水利水电科学研究院在 MTS 伺服自控刚性压力机上对天生桥灰岩做了三轴试验,全应力应变曲线加载时的刚度 K_m 与卸载时的刚度 K_s 之比值 F_{CF} 可以用来判定足否可能发生岩爆。根据岩爆发生的能量准则,刚度比 $F_{CF}<1$,即

$$F_{CF} = \frac{K_m}{|K_s|} < 1$$

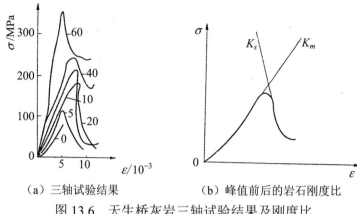

（a）三轴试验结果　　　　（b）峰值前后的岩石刚度比

图 13.6　天生桥灰岩三轴试验结果及刚度比

便有发生岩爆的可能。在得到的全应力应变曲线（图 13.6）中，σ_3=10MPa 和 σ_3=20MPa 两级围岩条件下 F_{CF}<1；在另外 3 级 σ_3 条件下 $F_{CF} \approx 1$。同一种岩石在不同围压下，有的 F_{CF}<1，有的 $F_{CF} \approx 1$，这是由于岩石性质的非均匀性所致，同一组岩样中的试验结果有一定离差。但是，试验结果给我们总的认识是，天生桥隧洞发生岩爆的可能性较大，试验结果与 2 号支洞已经发生岩爆情况一致。

13.3　由岩爆反分析确定岩体初始应力

在作数值分析时，岩体初始应力十分重要，当没有岩体应力实测资料时，如果洞室中已经发生岩爆，可以由岩爆反分析确定岩体初始应力。即当岩爆发生在两侧或顶、底部位时，可以根据孔口应力集中理论，推断岩体垂直应力 σ_V 和水平应力 σ_H 分别为主应力 σ_1、σ_3 或 σ_3、σ_1 时，首先确定 σ_V 服从重力应力场。根据实测资料统计，σ_V 大体上服从这个规律。然后取 $\sigma_H / \sigma_V = \lambda$ 的一系列比值进行计算，以计算断面与实际破坏情况相符的 λ 值为确定岩体应力的依据。

2 号支洞中 0+905 断面岩爆发生在拱顶，可以确定 σ_H 为 σ_1，σ_V 为 σ_3。由于岩爆现象为劈裂破坏，判定岩爆烈度为 1 级，可用 Griffith 准则，取 σ_H=(1.1, 1.2, 1.3, …) σ_V 进行计算。岩石抗拉强度 σ_T=1.5～3.7MPa 时的计算结果（λ=1.1～1.7），经过分析后，决定取 σ_H=1.3σ_V。因此，对未开挖岩体作数值预测时，可取岩体初始应力为 $\sigma_V = \gamma H$、σ_H=1.3σ_V。

计算结果不一定是真实的岩体应力在隧洞轴线垂直平面上的两个应力分量。并且由于各个环节的误差积累，岩体应力计算结果有时可能与实测应力相差甚多。但是，在反分析后再作正分析，有的误差会自动消除。因此，在一条较长的隧洞中利用反算的岩体应力比值 λ，推算未开挖岩体中的 σ_H，然后进行岩爆预测，这种做法有其实用价值，特别是在没有岩体应力实测资料时。

用实测岩体应力作边界条件进行岩爆预测时，对岩石力学参数的精度要求很高，实际上很难做到，利用反分析岩体应力作岩爆预测，只要预测断面同已经发生岩爆断面的地质背景和岩石条件相同，由岩石力学参数的误差造成的影响反而小。

用 λ=1.3 计算拟作岩爆数值预测的 5+550 断面和 6+635 两个断面的水平应力 σ_H，该两个断面的埋深分别力 580m 和 440m，先取垂直应力 $\sigma_V = \gamma H$，则在 5+550 断面处 $\sigma_V = \gamma H$=16MPa，6+635 断面处 $\sigma_V = \gamma H$ =12.1MPa。

后取水平岩体应力 σ_H=1.3 σ_V，则在 5+550 断面处 σ_H=1.3×16=20.8MPa，6+635 断面处 σ_H=1.3×12.1=15.7MPa。

这两个断面附近没有实测岩体应力，取与这两个断面有一定距离远的两个测点的岩体应力实测值作参照对比。实测应力值见表 13.1。

表 13.1 2 号支洞和 II 号主洞中两测点应力实测值

试验位置		2 号支洞 0+792.2	II 号主洞 6+805
试验点埋深/m		230	405
σ_1	应力值/MPa	25.86	31.6
	方位角/(°)	S19E	S57.06E
	倾向、倾角/(°)	NW∠40.5	NW∠0.96
σ_2	应力值/MPa	16.15	22.31
	方位角/(°)	N12E	N32.47E
	倾向、倾角/(°)	SW∠45.3	SW∠25.8
σ_3	应力值/MPa	7.23	15.07
	方位角/(°)	S85.1W	S34.84E
	倾向、倾角/(°)	NE∠15.7	NE∠64.17

反分析得到的是断面上的应力分量，它们与空间的主应力应该有如下规律，即 $\sigma_H < \sigma_3$、$\sigma_V < \sigma_3$。

反分析结果，两个断面的 σ_H 都小于 σ_1 中的小值 25.86MPa。5+550 断面的 σ_V 大于 σ_3 中的大值 15.07MPa；只有 6+635 断面的 σ_V 不大于 15.07MPa，但是仍大于 7.23MPa。看来反分析得到的应力在数值上符合一般规律。

13.4　岩爆数值预测

在 II 号主洞未开挖到 5+550 断面和 6+635 断面以前，曾对这两个断面作了数值计算，预测是否将发生岩爆以及岩爆可能的烈度和破坏范围。因为推测 σ_H 为 σ_1'，等于预测了这两个断面岩爆也发生在顶部和底部。

计算采用前述由反分析得到的岩体应力，即 5+550 断面，σ_V =16MPa，σ_H =20.8MPa；6+635 断面，σ_V=12.1MPa，σ_H=15.7MPa。

计算采用的岩石物理力学性质见表 13.2。

表 13.2　岩石物理力学参数

抗压强度/MPa	80	弹性模量/MPa	3×10^4
抗拉强度/MPa	3	泊松比	0.3
凝聚力/MPa	7.75	容量/(g/cm³)	2.76
内摩擦角/(°)	68		

计算结果，洞室围岩边界附近的应力值见表 11.3 和图 13.7。6+635 断面和 5+550 断面上顶拱及边墙中部应力沿径向分布分别见图 13.8 和图 13.11，两个断面的岩爆破坏计算范围分别见图 13.9 和图 13.10 中的斜线阴影区。6+635 断面最大切向应力为 32MPa，为岩石单向抗压强度 σ_c 的 40%，出现在隧洞顶部和底部。应力状态只达到 Griffith 准则应力值，岩爆烈度为 I 级，破裂面最大深度为 40cm。而 5+550 断面最大应力值为 42.69MPa，位置也在顶部和底部，应力状态也只达到 Griffith 准则应力值，也为 I 级烈度岩爆，破裂区最大深度 80cm。

表 13.3　沿洞周部分单元高斯点主应力

单元点	高斯点号	高斯点坐标		主应力/MPa			
		r/cm	θ/(°)	5+550 断面（埋深 580m）		6+635 断面（埋深 440m）	
				σ_1	σ_2	σ_1	σ_2
41	I	502	4.8	27.80	0.15	21.57	0.13
	II	502	17.7	29.43	0.23	22.75	0.17
	III	508	4.8	27.79	0.77	21.57	0.68
	IV	508	17.7	29.15	0.50	22.53	0.38
43	I	502	49.8	36.4	−0.03	27.78	−0.01
	II	502	62.7	39.76	0.29	30.16	0.21
	III	508	49.8	35.99	0.39	27.47	0.31
	IV	508	62.7	39.17	0.69	29.71	0.51
44	I	502	72.3	41.15	0.07	31.1	0.06
	II	502	85.2	42.42	0.18	32.0	0.14
	III	508	72.3	40.56	0.51	30.7	0.39
	IV	508	85.2	41.77	0.65	31.5	0.49
53	I	502	−85.2	42.69	0.20	32.31	0.15
	II	502	−72.3	41.11	0.05	31.09	0.04
	III	508	−85.2	42.03	0.66	31.82	0.50
	IV	508	−72.3	40.53	0.5	30.66	0.38
55	I	502	−40.2	33.76	0.32	25.72	0.24
	II	502	−27.3	30.22	−0.04	23.18	−0.02
	III	508	−40.2	33.4	0.68	25.43	0.51
	IV	508	−27.3	30.02	0.28	23.02	0.21

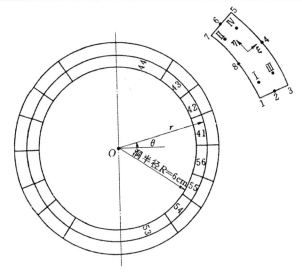

图 13.7 洞周网格划分示意图

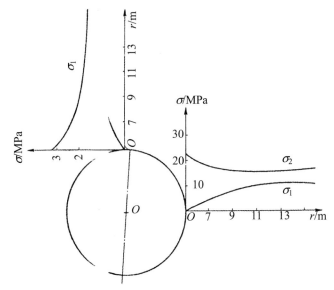

图 13.8 6+635 断面有限元计算应力分布

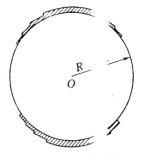

图 13.9 有限元计算预测 6+635
断面破坏范围

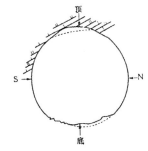

图 13.10 6+635 断面围岩岩爆
实际破坏范围

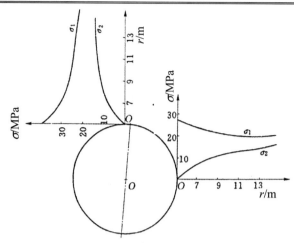

图 13.11　5+550 断面有限元计算应力分布图

开挖以后，在 6+624 到 6+674 区段内有岩爆出现，但是计算断面 6+550 处正遇到卡斯特溶洞，没有发生岩爆。这一区段内岩爆发生在顶拱中间略偏左及底拱与其对称部位，岩爆发生时有类似冰块开裂声，区段内岩爆破坏深度一般为 20～40cm，最大处为 50cm。图 13.10 为 6+635 断面的围岩实际破坏情况，底板隆起开裂，出现倒刺状与洞边界呈 15°～20° 斜交的破裂面。根据钻孔探测，5m 之内取不到长度大于 10cm 的岩芯。雷达探测结果是 0～4.6cm 为围岩松弛圈，以后岩石很快变好。把计算结果与实际情况进行比较，破坏深度的计算值同实际发生岩爆的破坏面最大深度接近。但是在 6+635 断面的实际破坏机制中出现剪切破坏，目前尚无法判定剪切破坏范围的延伸深度。只能知道计算结果与实际破坏面最大可见深度相近。另外，6+635 断面围岩的微破裂（即松弛带）深度较大。这两个信息都表明实际岩爆比计算预测的烈度略高，破裂影响范围要深。

5+550 断面开挖以后，也在顶部偏左约 25° 处发生岩爆，岩爆较弱，属 I 级烈度。但是，破坏深度与宽度比预测值小许多，最大深度大约为 15cm（图 13.13）。

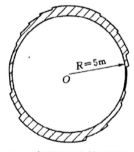

图 13.12　有限元计算预测 5+550
断面破坏范围

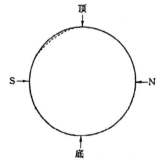

图 13.13　5+550 断面围岩岩爆
实际破坏范围

计算结果与实际情况有出入是多种原因造成的,如岩体应力不能模拟准确;岩石力学参数的离差以及岩石性质的不均匀;围岩中天然状态的微裂隙的影响等。除这些因素之外还有一个重要原因,就是计算中采用的判别岩爆发生的岩石强度准则——Griffith 准则相当于围岩中的能量释放率 G 达到其临界值 G_c。实际上,发生岩爆的条件为 $G > G_c$,这时围岩释放能量大于岩石破坏所需的能量,剩余能量变成动能,供产生岩爆以及产生应力波在围岩中向外辐射。应力波动力效应在目前的计算中不能反映。

因此,对于 6+635 断面,只能对岩爆造成的肉眼可见的破坏范围或破坏坑深度进行比较,破坏区以外的松弛圈在计算中是反映不出来的。

13.5 岩爆的治理

13.5.1 断面形状对岩爆的影响

对三种断面洞形进行了计算,计算时取 $\sigma_V = \gamma H = 11.9\text{MPa}$,取 $\lambda = 1.1$,$\sigma_H = 13.09\text{MPa}$。为了进行比较,计算中选用了三种岩石抗拉强度值,计算结果见图 13.14(图中斜线阴影区为劈裂破坏,网格阴影区为剪切破坏)。

从图 13.14 中可以看出,当抗拉强度较低,$\sigma_t = 2.5\text{MPa}$ 时,因为岩体应力接近静水应力场,圆形隧洞只出现劈裂破坏,但是范围广,破裂深度均匀。其他两种断面形状的洞室,破坏范围略小,尤其以马蹄形断面破坏范围为最小,但是后两种断面在底拱转角处有局部剪切破坏岩爆出现。从图 13.14 中还可以看到,当岩石抗拉强度较高时,以圆形断面为最好,没有发生任何破裂现象。其次,图 13.14(b)直角圆弧形也优于马蹄形断面。直角圆弧形与马蹄形断面在底角部都发生剪切破坏岩爆,但是直角圆弧形断面的劈裂破坏岩爆破坏范围小,前者在顶部发生劈裂破坏岩爆,后者在上侧墙发生,前者的破坏深度略小。

13.5.2 开挖程序对岩爆的影响

对隧洞分三次开挖和分成上台阶和下台阶二次开挖成形的施工方法进行了计算比较。计算采用的岩石抗拉强度为 $\sigma_T = 2.5\text{MPa}$。

计算结果发现,最终开挖成形之后,两种开挖方式的破坏范围大致相同(图13.15),只是三次开挖方案在拱顶发生了剪切破坏岩爆。二次开挖方案在上台阶开挖之后,顶拱未出现剪切破坏岩爆,只发生了劈裂破坏岩爆,两种开挖方案在下部转角处形成的破坏完全一样。

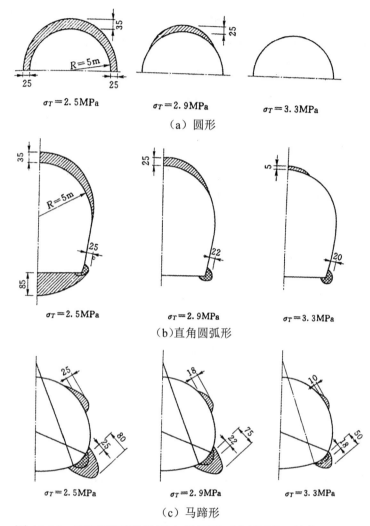

图 13.14　不同断面形状洞室的围岩破坏范围（单位：cm）

除此之外，三次开挖方案在第一次开挖上台阶左半部时，三处角点都发生破坏，并且都有剪切破坏岩爆出现。如果采用二次开挖方案，这是完全可以避免的。因此，在可能发生岩爆的隧洞中，选择开挖方案时应该注意，增加分部开挖的次数并不有利，多一次开挖就多一次遇到岩爆的机会，甚至会发生剪切破坏岩爆。

13.5.3　喷混凝土加固围岩效果

为了弄清喷混凝土加固的效果，对直角圆弧形断面，在开挖上台阶后先作了厚 10cm 喷混凝土处理，然后再开挖下台阶。从图 13.16（b）中可以看出上台阶开挖后围岩破坏情况。图 13.16（a）表示上台阶经喷混凝土处理后，再开

挖下台阶时喷混凝土对上半部围岩的支护作用。比较图 13.16（a）与图 13.16
（b），可以看出上台阶经加固后，对下台阶的下角点和底部并未产生影响；顶
拱部分劈裂破坏没有增加，与不喷混凝土加固相比破裂深度略小，起到了加固
作用。但是在上下台阶衔接处，劈裂范围与剪切破坏范围都增大了。这可能是
因为喷混凝土层没有形成封闭圈，当开挖下台阶时，上部岩石因喷混凝土起作
用，位移被约束，而下部岩体有一临空面，在上下部交界处的应力集中十分复
杂。

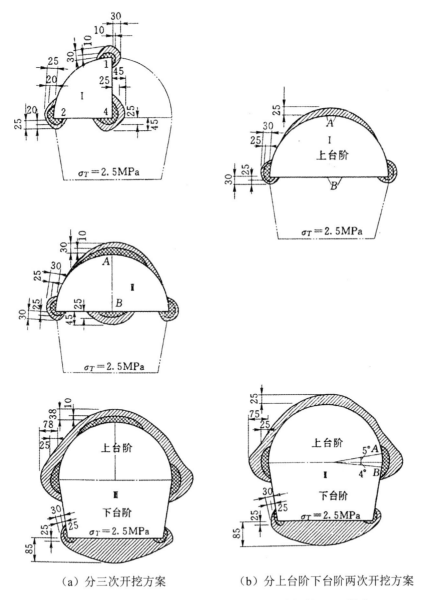

（a）分三次开挖方案　　　　　（b）分上台阶下台阶两次开挖方案

图 13.15　不同开挖方式在每个开挖阶段的围岩破坏情况（单位：cm）

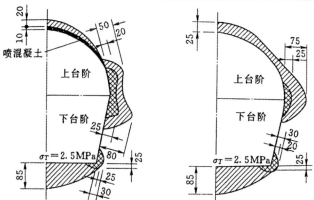

（a）上台阶开挖后立即喷混凝土再开挖下台阶　（b）先开挖上台阶后开挖下台阶（毛洞）

图 13.16　喷混凝土加固围岩效果（单位：cm）

需要说明的是，上台阶发生破坏后岩石喷射或脱落，混凝土应该直接与完整岩石接触。在图 13.16（a）中，把混凝土层画在破碎岩石外面，是为了便于比较破坏区范围。

13.5.4　锚杆加固效果

在地下工程中，对开挖后瞬时发生的岩爆，锚杆很难发挥作用，锚杆只能阻止滞后发生的岩爆。锚杆对岩体的加固作用是在岩石流变开裂以前将裂缝"锁住"，其效果必然明显。由此可知，锚杆加固宜早不宜迟。

锚杆的深度也无须过长，一般情况发生流变断裂最危险的地带是在洞周围 σ_θ 梯度最大的范围内。图 13.17 表明用本程序对长 4m、夹角 22.5°的锚杆，以及长 2m、夹角 11.25°的锚杆的计算结果。由图 13.17 可以看出锚杆之间出现拉应力区，短而密的锚杆比长而稀的锚杆的拉应力区小。看来，采用短而密的锚杆群比采用长而稀的锚杆群加固岩体效果更好。

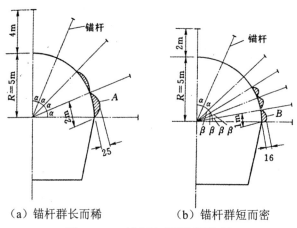

（a）锚杆群长而稀　　　　（b）锚杆群短而密

图 13.17　锚杆加固效果比较

13.6 鲁布革水电站地下厂房围岩稳定分析

鲁布革工程地下厂房围岩稳定性是国家"六五"科技攻关项目"水电站大型地下洞室围岩稳定和支护的研究和实践"的主要研究对象。围绕该工程做了大量室内外岩石力学性质测试与观测工作、围岩分类研究和数值分析工作。

数值计算预示地下厂房可能出现塑性区或破损区。

地下厂房开挖后，围岩未发现明显破损区，至于塑性区很难判明。只有边墙中部与边墙垂直的母线洞有与厂房边墙平行的纵向裂缝，肉眼可以观察到，厂房岩体总体稳定性良好，只有局部部位岩石有破裂迹向。

1989—1990年，水利水电岩石力学咨询组和中国水利水电建设工程咨询公司岩土工程部对厂房原型观测资料进行了深入研究并委托中国水利水电科学研究院对厂房围岩稳定性进行了平面有限元分析，论证其稳定性。

根据岩石三轴试验的应力应变全过程曲线判别（图11.6），围岩没有发生岩爆的倾向。数值计算表明，围岩边墙中部和底部有脆性破裂区，围岩总体稳定性良好。试验结果、计算结果与工程实际情况一致。

13.6.1 围岩稳定性有限元计算

1. 力学模型

根据鲁布革地下厂房围岩的特征，岩体赋存于较高的应力场中，裂隙呈闭合状，岩性坚硬并具有脆性的特点。从室内岩块力学试验可知，鲁布革的灰岩应力应变呈良好的线性关系（图11.6）。因此，计算采用"弹性—脆性破裂—破坏"的力学模型。

2. 计算断面与计算途径

计算了两个断面：一个断面为以观测断面0+18和0+115为代表的断面I；另一个断面为以0+68为代表的断面II。计算采用平面有限元法，为简化计算工作量，取地下厂房分二期开挖。

计算途径：先进行第一期洞室断面计算，加设锚杆，再开挖下部岩体，此时锚杆承受下部开挖的影响，其计算途径如图13.18所示。

3. 岩体应力与岩石力学性质参数

采用地下厂房观测断面II附近的位移观测值反分析岩体应力，反分析结果，岩体应力值为σ_x=6.78MPa、σ_y=10.12MPa、τ_{xy}=−2.3MPa。与前期根据地下厂房模型洞反分析得到的岩体应力σ_x=5.38MPa、σ_y=10MPa、τ_{xy}=1.98MPa比较，两者量级十分接近，唯剪应力方向相反。分析认为，Ⅱ断面下游边墙位移较大，主要是受母线洞挖空影响。因此由Ⅱ断面观测值反算的岩体应力只代表Ⅱ断面附近的情况，该岩体应力值不反映厂房开挖前的初始应力状态。但是，用该岩体应力作初始条件，计算得到的应力与实测的变形处于相同状态。因此，在计算中，断面Ⅱ采用了该断面附近的岩体应力反分析值，即 σ_x=6.78MPa、σ_y=10.12MPa、τ_{xy}=−2.3MPa，断面 Ⅰ 仍然沿用前期模型洞反分析地应力值，即 σ_x=5.38MPa、σ_y=10MPa、τ_{xy}=1.98MPa。计算参数主要依据前期勘测的试验值，见表 13.4。

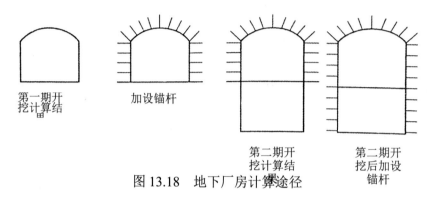

第一期开挖计算结果　　加设锚杆　　第二期开挖计算结果　　第二期开挖后加设锚杆

图 13.18　地下厂房计算途径

表 13.4　计算采用的岩石力学参数

岩石名称	容重 r_d/(t/m³)	抗压强度 /MPa	抗拉强度 /MPa	抗剪强度		泊松比	变形模量 E/10⁴MPa
				ϕ/(°)	C/MPa		
灰岩	2.7	74.2	4.9	68	9.533	0.2	3.25

鲁布革地下厂房岩石试验应力应变关系（图 11.6），从中得到刚度比大于1，即

$$F_{CF} = \frac{K_m}{|K_s|} > 1$$

厂房围岩不产生岩爆。

13.6.2　地下厂房围岩平面有限元计算结果围岩破裂范围及破裂前应力状态

图 13.20 和图 13.21 分别为断面Ⅰ（图 13.20）和断面Ⅱ（图 13.21）的破裂区分布情况及破裂前的应力状态，围岩破裂后应力状态发生变化。为了在图中显示清楚，完整岩石中的应力矢量未在图中标出，在下文中涉及的破裂为计算中破裂发生点的深度，至于裂缝延伸深度无法从计算中得到。

1．断面Ⅰ

第一期开挖后，上游底部角点附近出现很小一处破坏区，拉伸破坏与剪切破坏同时发生，下游角点附近只发生拉伸破坏，破裂带深度约 20cm，破坏面倾角约 80°，分别倾向上、下游。第二期开挖后，对断面Ⅰ的上下游边墙中部继续产生拉伸破坏，上游边墙破裂区深达 1.8m，下游边墙深约 20cm，上游破裂面倾角陡。下游面倾角约缓（近 74°～80°），且倾向下游。

值得注意的是，上、下游底部角点都出现开裂区，深约 20cm，上游稍深，裂面倾角在 83°～90° 范围，倾向下游，且较凌乱。下游稍浅，裂面倾角 78°，倾向下游。

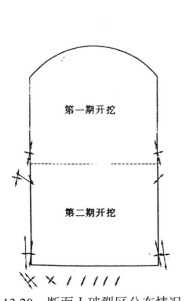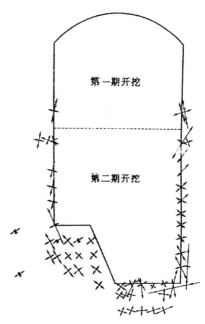

图 13.20　断面 I 破裂区分布情况及破裂前应力状态　　图 13.21　断面 II 破裂区分布情况及破裂前应力状态

在底板深约 2m 处出现一条自上游端贯穿到中部的水平分布破裂带，上游倾角为 60°，延伸至中部变平缓，倾向下游。但是，下游端的裂面反转倾向上游。

2. 断面 II

第一期开挖结束后，在两侧角点附近都出现破坏区，与断面 I 很相似，只是破坏点的部位稍高，上游破裂面倾角约 74°，稍深处倾角 80° 左右，倾向下游。

第二期开挖结束后，上下游边墙部都出现拉伸破坏，破坏区一般深度约 20cm，上游边墙局部地方破裂发生在 1.8m。深处。上、下游边墙破裂面分别倾向上、下游，倾角较陡。十分有趣的是，从与下游边墙垂直的母线洞中，可以看到围岩的开裂带，破裂面呈铅垂分布（与地下厂房边墙平行）（图 13.22）。在厂房围岩 5m 深度范围内每米约 2～3 条破裂面，逐渐稀少到每米约 1 条，10m 以外消失。母线洞中的破裂带受地下厂房和母线洞的三维应力集中的影响，应力更为恶化。因此，沿地下厂房围岩深度方向产生裂面较多。计算未计及母线洞影响，破裂面较浅，破裂面也不与地下厂房围岩表面平行，但与表面交角甚小。考虑到计算中初始条件和力学参数及计算误差等因素，计算反映的围岩破裂情况与实际发生情况十分接近。表明计算中采用的力学模型是正确的，基本上反映地下厂房围岩的实际情况。早期，采用弹塑性力学模型计算所得到的结果，其围岩中塑性区一大片，与实际情况相距甚远。

图 13.22　母线洞中边墙垂直开裂，照片中箭头所指

底部角点附近都出现拉伸破坏，破裂面倾角较陡，超过 80°，倾向下游。

上游底板下部出现一深度达 6m 的破裂带，倾角 20°～30°，倾向下游。在该范围内自深度 2～4m 范围为一剪切破坏区。底部中、下游板下出现一拉伸破裂带，其上游部位的破裂面倾向下游，下游端破裂面倾向上游，并夹杂部分交错排列的破裂面，倾角比较平缓。

总的看来，边墙破裂带可能引起局部掉块。值得注意的是围岩边墙破裂区与底板下部的破裂就是通常所谓的松动区。实际上由于施工爆破的影响和岩体的不连续性，破裂区往往比计算结果要大。在这里仅给出一个基本认识，这些破裂不是贯通性的、成片的，不会引起整体失稳，施工过程中可能发生劈裂破坏和岩石局部掉块。只要做好锚喷支护，围岩的稳定性是能得到保障的。

还应指出，边墙中部的开裂区与开挖分层有关，分层次越多，破裂区越大，但深度不会增加，它仅增大破裂区的分布范围。由此可见，高边墙洞室从保证其稳定性角度看，开挖不宜分层过多。

另外，拱座处围岩状态良好，对设置牛腿式吊车梁十分有利，但应注意在采用牛腿方案时，分层开挖的第一层宜适当大些，尽可能将牛腿位置避开开挖过程中底角发生的应力集中区。

13.7　岩爆治理对策

13.7.1　岩爆预测

岩爆预测是岩爆治理对策中最重要的一个环节，它可以使随后的各项治理措施处于主动地位。预测工作的难度十分大，特别是当前对岩爆发生机理认识程度还不深，岩爆理论尚不完善。但是，国内外对岩爆研究工作已经取得的成果应该充分利用，并且预测工作可以随着工程进展，从勘探阶段到施工阶段，由粗及精地开展这项工作。

1. 勘探阶段

属于岩爆早期预测，目前国内外流行许多岩爆发生判据，这些判据粗略，但是简便易行，适宜勘探阶段岩爆预测应用。这些判据的共同点是从岩爆强度理论出发，采用围岩切向应力与岩石抗压强度之比小于 1 的系数作岩爆判据。国内外许多种判据的不同点在于所确定的小于 1 的系数取值不同。在具体应用该判据时为了取得洞室围岩切向应力，于是根据地形、地质构造、隧洞埋深等诸多因素，发展经验性的预测方法。其中，对于隧洞埋深的影响，有人进行定量估计，试图建立发生岩爆的隧洞临界深度。假定岩体应力为重力应力场，即 $\sigma_V = \gamma H$，$\sigma_H = \dfrac{\mu}{1-\mu}\gamma H$。对于圆形断面洞室，利用圆孔口应力集中公式可以得到洞室发生岩爆的临界深度 H_c，即

$$H_c = \frac{K\sigma_c}{\left(3 - \dfrac{\mu}{1-\mu}\right)\gamma} \qquad (13.1)$$

式中 　σ_c——岩石抗压强度；

　　　K——小手 1 的系数；

　　　μ——岩石泊松比；

　　　γ——岩石容重。

式（13.1）适用于岩体应力为重力应力场情况，对于不服从重力应力场，特别是岩体水平应力大于垂直应力情况时，岩爆的临界深度比式（13.1）的计算结果偏小。式（13.1）计算结果是粗略的。

2. 设计阶段

属于岩爆中期预测，设计阶段的预测工作应该回答哪些洞段可能发生岩爆；岩爆在断面上的位置，岩爆可能的强烈程度和可能的破坏范围。作这项工作不能只凭经验，应该有一定的理论依据。

岩爆发生必须同时满足失稳准则与强度准则。由于岩爆失稳准则有待突破，当前可以应用与失稳准则同样以能量原理建立的刚度理论、能量理论和冲击倾向性理论，它们分别从某一侧面反映岩爆失稳理论，这三种理论可能通过岩石力学性质试验结果用某一参数表示。

在刚性压力机上进行压缩试验，测得应力应变全过程曲线，用加载过程刚度 K_m 与卸载阶段刚度 K_s 的比值 F_{CF} 判定该隧洞围岩是否具有发生岩爆的可能，即

$$F_{CF} = \frac{K_m}{|K_s|} < 1$$

则该隧洞围岩可能发生岩爆。至于是否发生岩爆，还要取决于围岩应力状态是否满足岩爆发生的强度准则。

在围岩应力数值计算中，需要知道洞室开挖以前的岩体初始应力，这是需要用试验测定的。在条件所限无法开展这项工作，或试验阶段赶不上设计需要时，用地质探洞中岩爆信息，或者用长隧洞初期发生的岩爆信息 $\xrightarrow{\text{反分析}}$ 岩体应力 $\xrightarrow{\text{正分析}}$ 岩爆预测。

简而言之，在设计阶段只要具备：①岩体应力值或洞室岩爆信息供反分析岩体应力。②岩石力学强度参数和应力应变全过程曲线。就可以开展数值计算进行岩爆预测工作了。

3．施工阶段

这是岩爆临近发生时的预测，直接涉及施工人员的安全，十分重要。这项工作国外多用微震仪及声发射仪进行，开展这项工作涉及两方面的内容：一方面是仪器设备的设置；另一方面是如何根据捕捉到的微震和声发射信息正确作出岩爆预测。

13.7.2　岩爆治理的设计对策

不管用哪一种理论解释岩爆，岩爆的发生总是由洞室围岩的力学性质（变形特性与强度特性）与围岩应力状态决定，众所周知围岩应力状态与岩体初始应力和洞室形状有关。因此，欲在设计中设法减少岩爆频度和减轻岩爆破坏程度，可供选择的就是洞室位置、洞线走向和洞室断面形状，前者可使洞室处在较好的岩体初始应力状态中，后者可使洞室围岩处在较好的二次应力状态中。

靠近峡谷，地质构造中向斜、背斜、大断层与洞线交汇处都是局部高应力地带，是布置洞线时需要注意的。

地下工程设计经验中，认为取洞轴线与最大岩体主应力平行或成小角度相交时断面上应力状态最有利。在有岩爆发生情况下，施工过程中掌子面上发生的岩爆最难设防，也最危险，而洞轴线与岩体最大主应力成小角度，虽然改善了断面上围岩应力，是否增加掌子面上发生岩爆的可能性目前还缺少论证。在有条件情况下可以开展三维物理模拟试验或数值计算进行论证。

在洞室断面形状选择上，一般作法是为了减小洞室局部应力集中程度设计断面形状。根据挪威经验报告，在有的设计中选择的断面形状尽量减小岩爆的范围，而不惜提高发生岩爆处烈度、加大破坏深度，便于在很小的局部范围处理岩爆。

13.7.3 岩爆治理的施工对策

由于洞室开挖后瞬间发生的岩爆无法设防，只能采取用仪器监测，根据预测信息采取人员躲避的办法。此外，施工中导洞、分部开挖时早期发生的岩爆信息，甚至地质探洞中发生的岩爆信息，都是十分宝贵的资料，可以根据这些信息通过理论分析和经验判断，进行岩爆预测。这样的预测可能不很精确，但是可以避免毫无准备而造成的不必要损失。

国内外采矿工程界的实践经验，在围岩中开槽或钻孔，一则释放岩体中的应变能，一则可能局部的把围岩最大切向应力 σ_θ 推向深处，以求减少岩爆发生的可能性。这些方法在矿业工程中可能行之有效，但是水工隧洞是永久性工程，特别是压力隧洞围岩的人为破坏可能得不偿失。因此，在水工隧洞中采用这种办法要谨慎，需要在设计中仔细论证。

国内外工程界多提倡用喷锚处理，实际上它能够起的作用也仅止于对持续发生的岩爆起到控制作用，对开挖瞬时发生的岩爆无能为力。岩石具有流变性质，反映在其变形持续发展经过一段时间以后变形可能终止，也可能急速增长以致岩石破坏，这种现象是比较常见的；岩石流变现象另一个反映是随着变形增加体内的微破裂增加，一段时间以后微破裂不再发展；另一种可能是一段时间以后岩石内部微破裂急速增加，形成连续的破裂而导致岩爆发生。喷锚体系的作用就是在岩石流变性质产生破裂过程中对岩石中的各种尺度不连续面起"锁固"作用，控制岩体不致发生持续岩爆，喷锚工作开始得愈早，效果就愈好。许多情况中，持续岩爆与开挖后瞬时发生的岩爆衔接紧密，给喷锚施工带来困难，为防止发生人身伤亡事故，这时用机械手先作喷混凝土，待岩爆稍一控制之后立即进行锚固工作，可能是行之有效的办法。

喷锚加固体系的设计理论也不完善，目前采用的计算公式多系经验性的。用弹塑性有限元方法计算锚杆受力多偏大；采用穿透"塑性区"的锚杆设计方法又造成锚杆过长，浪费部分钢材。如果采用锚杆穿过可能发生的岩爆范围深入到完整岩石中的设计原则，采用"短而密"的布置比"长而稀"的效果好。对于围岩中有较大软弱面时，它们可能与岩爆形成的破裂面连通，形成深度较大的破坏体，这种特殊情况应该特殊对待，这时应该用长锚杆"锁固"岩体。

地下工程通过软弱岩体时采用超前锚杆加固待开挖岩体，被认为是有效措施之一，因此，有人建议用于处理岩爆。由于断面上发生岩爆时围岩切向应力 σ_θ 比较关键，超前锚杆沿纵轴打入，所起作用有限，特别是劈裂破坏型岩爆多发生在围岩表层，超前锚杆以一定仰角打入，对这种岩爆很难起控制作用。对于开挖前方可能发生破坏较深的严重岩爆，采月超前锚杆或许多少可以起到减缓作用。

对于大断面地下洞室，如果不能一次全断面开挖，则分部开挖方式需要经过设计确定。根据数值计算结果表明，分部开挖的次数不宜过多，每一开挖步骤都要尽可能不要出现尖角。

参考文献

[1] Lu Jiayou，Wang changming，Huai Jun. FEM analysis for rockburst and its back analysis for determining in-situ stress. (Proc. 6TH. inter. Conf. on Num. Methods in Geomech.) Innsbruck Austria, 1988.

[2] 王槟. 洞室岩爆及其治理分析. 华北水电学院硕士论文，1988.

[3] Lu Jiayou，et al. The brittle failure of rock around underground opening （Proc. of Inter. Symp. on Rock at Great Depth）PAU. France，1989.

[4] 陆家佑. 岩爆的理论与实践//第一届全国大坝岩石力学研讨会暨第三届岩石力学与工程学会岩体物理、数值模拟研讨会论文集. 成都：成都科技大学出版社，1993.

[5] Lu Jiayou，Wang Bing，Wang Changming，et al. Applications of numerical methods in rockburst prediction and control，Proc. of the 3rd Inter. Symp. on Rockbursts and Seismicity in Mines. Kingston，Canada，1993.

[6] 陆家佑，王昌明. 根据岩爆反分析岩体应力研究. 长江科学院院报，1994（3）.

[7] 陆家佑，杜丽惠，李东一，等.鲁布革水电站地下厂房围岩稳定性有限元分析. （水利水电科学研究院）岩土，1991，91.

[8] Lu Jiayou，Du Lihui，Ji Liangjie，et al. The role of monitoring information in the design of underground. Proc. of 2nd Conf. on Hydropower. Lillehammer，Norway，1992.

第 14 章 洞室围岩动力稳定性

14.1 引言

水利枢纽工程中，地下厂房、导流洞、引水隧洞等地下工程众多，其中有的洞室规模较大。在施工过程中，后开挖的地下工程和地面爆破作业，对先前已开挖成形的洞室是否会造成影响；特别是已建成的工程遭受空中或地面核打击，工程的安全性是不能忽视的。

近距离爆炸产生的冲击波，到达建筑物时往往超过弹性状态，研究洞室围岩稳定的方法有限。现场实测或用物理模拟的方法，实现的可能性很小，收集国外资料进行分析研究的可能性更是微乎其微。唯一的研究途径只剩下理论分析。

20 世纪 50 年代，国内成功应用定向爆破技术筑坝，设计中采用了苏联符拉索夫奠定，后由波克罗夫斯基发展的爆炸动力学，他们忽略了爆炸能量传递过程中波动和能量衰减效应，把岩石当作不可压缩理想流体，其速度位势符合拉普拉斯方程，于是问题可借助数学求解。

由于力学模型的理想化，只能得到近似结果，对于近爆炸源处的洞室，计算结果比较接近实际情况。

14.2 地面有爆炸源时地下洞室围岩破坏机理

在半无限体表面有炸药爆炸时，在炸药与地面接触区域将产生如图 14.1 所示的破坏区域。如果爆炸作用施加于一块有一定厚度的板的一面时，则其破坏区域有二，如图 14.2 所示。第一破坏区与图 14.1 相似。当应力波传播到板的另一面时，由于没有阻力，材料质点将以获得的动能向前运动，于是原来的压缩波将转变为拉伸波。当此拉力超过岩石的抗拉强度时，即将产生如图 14.2 中板的下部破坏。其破裂区域的大小与应力波的强度和波长有关。

我们认为，当存在地下建筑物时，其顶部的破坏基本上属于第二种情况，关于这一点已经有实验证明（图 14.3）。

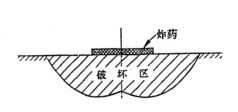

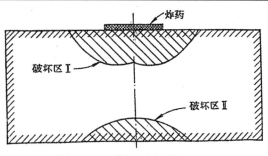

图 14.1　半无限体破坏情况　　　　图 14.2　薄板破坏情况

因此，地面爆破时地下建筑物的破坏问题，即是其顶部所产生的张力是否超过其极限抗拉强度的问题。此一拉力的大小我们用质点运动速度的大小来衡量。当此速度超过某一临界值时，地下建筑物的顶部即将产生破坏。破坏的区域即为岩石质点的运动速度大于临界速度的区域。临界速度的大小可用试验方法或理论方法求得。

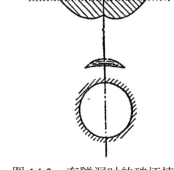

最后，问题归结为如何求出爆炸时在介质中所引起的介质质点运动的速度场问题。这里我们采用

图 14.3　有隧洞时的破坏情况

符拉索夫的假定，认为爆炸作用时能量的传递是瞬时完成的，此时介质质点尚来不及位移，因而没有切应力产生；同时忽略介质的压缩性，因此，可以把材料看作不可压缩的理想流体，其速度势符合拉普拉斯方程，于是可以用流体动力学方法求解。在更复杂的情况下，可用水电比拟法试验求解。

14.3　计算公式的推导

设在半无限体中，深度为 y_0 处有一无限长的半径为 r_0 的洞。在半无限体表面有一无限长的宽度为 $2a$ 的条件炸药作用[图 14.4（a）]，于是问题归属平面问题。由爆炸而产生的势能为

$$\varphi_0 = \frac{1}{\rho} \int_0^t P(t) \mathrm{d}t \qquad (14.1)$$

式中　φ_0 ——爆炸所引起的位势；

　　　ρ ——介质密度；

　　　P ——压力；

　　　t ——作用时间。

其边界条件为：当 $y=0$、$|x| \leqslant a$ 时，$\varphi = \varphi_0$；当 $y=0$、$|x| > a$ 时，$\varphi = 0$；当 $|z - iy_0| = r_0$ 时，$\varphi = 0$。我们希望求得，当 $I_m z \geqslant 0$ 时，$|z - iy_0| > r_0$ 的阴影部分[图 14.4（a）]

的位势分布和速度分布。

根据共形映照原理，利用函数

$$w = i\ln\frac{z - \sqrt{y_0^2 - r_0^2}\,i}{z + \sqrt{y_0^2 - r_0^2}\,i} + \pi \tag{14.2}$$

在 z 平面上，沿 $y < y_0 + r_0$，$x = 0$ 的座标轴切割，将 z 平面上的阴影部分映射到 w 平面上去。

由式（14.2）得

$$w = \left[-\arctan\frac{-2x\sqrt{y_0^2 - r_0^2}}{x^2 + y^2 - (y_0^2 - r_0^2)} + \pi\right] - 2k\pi + \frac{1}{2}i\ln\left\{\frac{[x^2 + y^2 - (y_0^2 - r_0^2)]^2 + 4x^2(y_0^2 - r_0^2)}{[x^2 + (y + \sqrt{y_0^2 - r_0^2})^2]^2}\right\} \tag{14.3}$$

其中 $k = 0,\ \pm1,\ \pm2,\ \pm3,\ \cdots$。

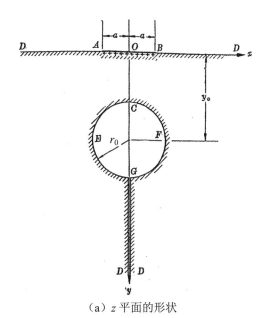

（a）z 平面的形状

（b）w 平面上的形状

图 14.4 被研究区域在 z 平面和 w 平面上的形状

所以得

$$w = -\arctan \frac{-2x\sqrt{y_0^2 - r_0^2}}{x^2 + y^2 - (y_0^2 - r_0^2)} + \pi - 2k\pi \quad (14.4)$$

$$v = \frac{1}{2}\ln\left\{\frac{[x^2 + y^2 - (y_0^2 - r_0^2)]^2 + 4x^2(y_0^2 - r_0^2)}{[x^2 + (y + \sqrt{y_0^2 - r_0^2})^2]^2}\right\} \quad (14.5)$$

当 $y = 0$、$x = 0$ 时，$u = 0 - 2k\pi, v = 0$；

当 $y = y_0 - r_0$、$x = 0$ 时，

$$u = 0 - 2k\pi，$$

$$v = -v_0 = -\ln \frac{1 + \dfrac{y_0 - r_0}{\sqrt{y_0^2 - r_0^2}}}{1 - \dfrac{y_0 - r_0}{\sqrt{y_0^2 - r_0^2}}} = -2\text{arth} \frac{y_0 - r_0}{\sqrt{y_0^2 - r_0^2}}；$$

当 $y = y_0 + r_0$、$x \to +0$ 时，

$$u = -\pi - 2k\pi, \; v = -v_0 = -2\text{arth} \frac{y_0 - r_0}{\sqrt{y_0^2 - r_0^2}}；$$

当 $x \to -0$ 时，

$$u = +\pi - 2k\pi, \; v = -v_0 = -2\text{arth} \frac{y_0 - r_0}{\sqrt{y_0^2 - r_0^2}}；$$

当 $y = 0$、$x \to +\infty$ 时，$u = -\pi - 2k\pi, v = 0$；

当 $y = 0$、$x \to -\infty$ 时，$u = +\pi - 2k\pi, v = 0$；

当 $y = \infty$、$x \to +0$ 时，$u = -\pi - 2k\pi, v = 0$；

当 $y = \infty$、$x \to -0$ 时，$u = +\pi - 2k\pi, v = 0$；

当 $y = y$、$x = 0$ 时，

$$u = 0 - 2k\pi, v = -2\text{arth} \frac{y}{\sqrt{y_0^2 - r_0^2}}；$$

当 $y = 0$、$x = +a$ 时，

$$u = -\arctan \frac{-2a\sqrt{y_0^2 - r_0^2}}{a^2 - (y_0^2 - r_0^2)} + \pi - 2k\pi = -\bar{a} - 2k\pi, \; v = 0；$$

当 $y = 0$、$x = -a$ 时，

$$u = -\arctan \frac{-2(-a)\sqrt{y_0^2 - r_0^2}}{a^2 - (y_0^2 - r_0^2)} + \pi - 2k\pi = +\bar{a} - 2k\pi, \; v = 0$$

因此，经过共形映照，z 平面上的阴影部分（$DABDGFCEGD$）映射成 w 平面上的无突多矩形所组成的条带。其中每一矩形内的位势及速度分布在与 z

平面上的阴影部分相似，现在我们只研究式（14.3）的主值所构成的矩形内部（即 $D'B'A'D'G'E'C'F'G'D'$）。其边界条件为[图 14.4（b）]

（1）当 $|u| \leqslant \bar{a} = \arctan \dfrac{-2a\sqrt{y_0^2 - r_0^2}}{a^2 - (y_0^2 - r_0^2)} - \pi$、$v = 0$时，$\varphi = \varphi_0$。

（2）当 $\bar{a} < |u| < \pi$、$v = 0$时，$\varphi = 0$。

（3）当 $|u| < \pi$、$v = -v_0 = -2\,\mathrm{arth}\dfrac{y_0^2 - r_0^2}{\sqrt{y_0^2 - r_0^2}}$时，$\varphi = 0$。

于是，我们的问题就归结为求此矩形内部的位势函数的问题。再利用对称原理，将此无穷矩形所组成的条带解析延拓到全平面（图 14.5）。因此，问题化为在全平面上有无穷多个周期平行四边形，如图 14.5 中的 $G'G'G''G''$，在每一个周期平行四边形的中心有一排与实轴平行的偶极子作用。显然，只要用迭加法就能求出我们所研究的 $D'B'A'D'G'E'C'F'G'D'$ 区域中的位势分布情况。

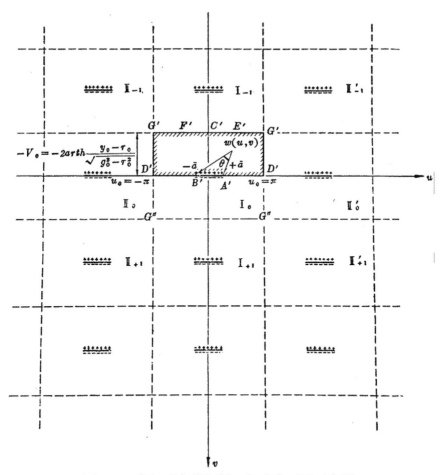

图 14.5　将矩形条带解析延拓成全平面示意图

对周期平等四边形 I_0 中的一排偶极子而言，位于 $W(u, -v)$ 的点的位势为

$$\varphi_{\text{I}_0} = \frac{\varphi_0}{\pi}\theta_{\text{I}_0} = \frac{\varphi_0}{\pi}\arctan\frac{-2a^2(-v)}{u^2 + (-v)^2 - \bar{a}^2} \qquad (14.6)\ \bullet$$

同理，考虑第Ⅰ、Ⅱ、Ⅱ′、Ⅲ、Ⅲ′、…等组周期平行四边形中各列偶极子的影响，得

$$\varphi_{\text{I}} = \frac{\varphi_0}{\pi}\sum_{n=-\infty}^{\infty}\arctan\frac{-2\bar{a}(-2nv_0 - v)}{u^2 + (-2nv_0 - v)^2 - \bar{a}^2} \qquad (14.7)$$

$$\varphi_{\text{II}} = \frac{\varphi_0}{\pi}\sum_{n=-\infty}^{\infty}\arctan\frac{-2\bar{a}(-2nv_0 - v)}{(2\pi + u)^2 + (-2nv_0 - v)^2 - \bar{a}^2} \qquad (14.8)$$

$$\varphi_{\text{II}'} = \frac{\varphi_0}{\pi}\sum_{n=-\infty}^{\infty}\arctan\frac{-2\bar{a}(-2nv_0 - v)}{(2\pi - u)^2 + (-2nv_0 - v)^2 - \bar{a}^2} \qquad (14.9)$$

将 φ_{I}、φ_{II}、$\varphi_{\text{II}'}$、φ_{III}、$\varphi_{\text{III}'}$ 依次迭加，得

$$\varphi = \frac{\varphi_0}{\pi}\sum_{n=-\infty}^{\infty}\sum_{m=-\infty}^{\infty}\arctan\frac{2\bar{a}(2nv_0 + v)}{(2m\pi + u)^2 + (2nv_0 + v)^2 - \bar{a}^2} \qquad (14.10)$$

式（14.10）即为我们所研究的区域内任意一点 $w(u, -v)$ 的位势。

求 φ 对 x 的导数，即得在 x 方向的分速为

$$V_x = \frac{\partial\varphi}{\partial u}\frac{\partial u}{\partial x} + \frac{\partial u}{\partial v}\frac{\partial v}{\partial x} \quad （这里 \frac{\partial v}{\partial x} 取负值）$$

$$V_x = \frac{\varphi_0}{\pi}\sum_{n=-\infty}^{\infty}\sum_{m=-\infty}^{\infty}\frac{-4\bar{a}(2nv_0 + v_0)(2m\pi + u)}{[(2m\pi + u)^2 + (2nv_0 + v_0)^2 - \bar{a}^2]^2 + 4\bar{a}^2(2nv_0 + v)^2}\times$$

$$\frac{2\sqrt{y_0^2 - r_0^2}[y^2 - x^2 - (y_0^2 - r_0^2)]}{[x^2 + y^2 - (y_0^2 - r_0^2)]^2 + 4x^2(y_0^2 - r_0^2)} +$$

$$\frac{\varphi_0}{\pi}\sum_{n=-\infty}^{\infty}\sum_{n=-\infty}^{\infty}\frac{2\bar{a}[(2m\pi + u)^2 - (2nv_0 + v_0)^2 - \bar{a}^2]}{[(2m\pi + u)^2 + (2nv_0 + v_0)^2 - \bar{a}^2]^2 + 4\bar{a}^2(2nv_0 + v)^2} +$$

$$\frac{(-1)}{2}\frac{[x^2 + (y + \sqrt{y_0^2 - r_0^2})^2]\{4x[x^2 + y^2 + (y_0^2 - r_0^2)]\}}{\{[x^2 + y^2 - (y_0^2 - r_0^2)]^2 + 4x^2(y_0^2 - r_0^2)\}} -$$

$$\frac{\{[x^2 + y^2 - (y_0^2 - r_0^2)]^2 + 4x^2(y_0^2 - r_0^2)\}4x}{[x^2 + (y + \sqrt{y_0^2 - r_0^2})^2]} \qquad (14.11)$$

同理，对 y 求导数，即得在 y 方向的分速为

$$V_y = \frac{\partial\varphi}{\partial u}\frac{\partial u}{\partial y} + \frac{\partial\varphi}{\partial v}\frac{\partial v}{\partial y} \quad （这里 \frac{\partial v}{\partial y} 取负值）$$

$$V_y = \frac{\varphi}{\pi}\sum_{n=-\infty}^{\infty}\sum_{m=-\infty}^{\infty}\frac{-4\bar{a}(2nv_0 + v)(2m\pi + u)}{[(2m\pi + u)^2 + (2nv_0 + v)^2 - \bar{a}^2]^2 + 4\bar{a}^2(2nv_0 + v)^2}\times$$

---

❶在以后的计算中，u、v 一律取主值（即 $k = 0$）。

$$\frac{-4xy\sqrt{y_0^2-r_0^2}}{[x^2+y^2-(y_0^2-r_0^2)]^2+4x^2(y_0^2-r_0^2)}+$$

$$\frac{\varphi}{\pi}\sum_{n=-\infty}^{\infty}\sum_{n=-\infty}^{\infty}\frac{2\overline{a}[(2m\pi+u)^2-(2nv_0+v)^2-\overline{a}^2]}{[(2m\pi+u)^2+(2nv_0+v)^2-\overline{a}^2]^2+4\overline{a}^2(2nv_0+v)^2}+$$

$$\frac{(-1)}{2}\frac{[x^2+(y+\sqrt{y_0^2-r_0^2})^2]4y[x^2+y^2-(y_0^2-r_0^2)]}{\{[x^2+y^2-(y_0^2-r_0^2)]^2+4x^2(y_0^2-r_0^2)\}}-$$

$$\frac{\{[x^2+y^2-(y_0^2-r_0^2)]^2+4x^2(y_0^2-r_0^2)\}4(y+\sqrt{y_0^2-r_0^2})}{x^2+(y+\sqrt{y_0^2-r_0^2})^2}\qquad(14.12)$$

根据式（14.11）及式（14.12），即可求出我们所研究的区域内任意一点的合速度：

$$V=\sqrt{V_x^2+V_y^2}\qquad(14.13)$$

速度矢量的方向为

$$\tan\beta=\frac{V_y}{V_x}\qquad(14.14)$$

我们来研究 z 平面 $x=0$、$y<y_0-r_0$ 的正座轴上的位势分布及速度,此时,$x=0$、$u=0$,所以式（14.10）、式（14.11）、式（14.12）成为

$$\varphi=\frac{\varphi_0}{\pi}\sum_{n=-\infty}^{\infty}\sum_{m=-\infty}^{\infty}\arctan\frac{2\overline{a}(2nv_0+v)}{4m^2\pi^2+(2nv_0+v)^2-\overline{a}^2}\qquad(14.15)$$

$$V_x=0\qquad(14.16)$$

$$\varphi=\frac{\varphi_0}{\pi}\sum_{n=-\infty}^{\infty}\sum_{m=-\infty}^{\infty}\arctan\frac{2\overline{a}(2nv_0+v)}{[4m^2\pi^2+(2nv_0+v)^2-\overline{a}^2]^2+4\overline{a}^2(2nv_0+v)^2}\times\frac{2\sqrt{y_0^2-r_0^2}}{y_0^2-r_0^2-y^2}\quad(14.17)$$

我们将式（14.15）的计算结果与电拟试验结果进行了比较,两者相符,说明式（14.15）是正确的（见图14.6,其中实测线与计算结果有差别是由于试验条件所致）。同时计算结果也说明式（14.15）收敛很快,一般只取到 $m=\pm3$、$n=\pm3$ 就已经足够精确。在 y 值很小时,取 $m=0$、$n=0$ 就足够了。

现在我们研究隧洞顶点,即 $y=y_0-r_0$ 一点的速度,此点的速度为

$$V_{y_0-r_0}=\frac{\varphi_0}{\pi}\sum_{n=-\infty}^{\infty}\sum_{m=-\infty}^{\infty}\frac{2\overline{a}[4m^2\pi^2-\overline{a}^2-(2n+1)^2v_0^2]}{[4m^2\pi^2-\overline{a}^2+(2n+1)^2v_0^2]^2-4\overline{a}^2(2n+1)^2v_0^2}\times\frac{\sqrt{y_0^2+r_0^2}}{r_0\sqrt{y_0-r_0}}\quad(14.18)$$

设 $\dfrac{a}{r_0}=a'$,$\dfrac{y_0}{r_0}=y_0'$,则式（14.18）变为

$$V_{y_0-r_0}=\frac{\varphi_0}{\pi}\frac{1}{r_0}\frac{\sqrt{y_0'+1}}{\sqrt{y_0'-1}}\times\sum_{n=-\infty}^{\infty}\sum_{m=-\infty}^{\infty}\frac{2\overline{a}[4m^2\pi^2-\overline{a}^2-(2n+1)^2v_0^2]}{[4m^2\pi^2-\overline{a}^2+(2n+1)^2v_0^2]^2+4\overline{a}^2(2n+1)^2v_0^2}\quad(14.19)$$

令

$$M=\frac{1}{\pi}\frac{\sqrt{y_0'+1}}{\sqrt{y_0'-1}}\sum_{n=-\infty}^{\infty}\sum_{m=-\infty}^{\infty}\qquad(14.20)$$

则
$$V_{y_0-r_0} = \frac{\varphi_0}{r_0} M(a', y_0') \qquad (14.21)$$

设岩石的临界破坏速度为 V_{kp}，则

$$M(a', y_0') = \frac{V_{kp}}{\varphi_0} r_0 \qquad (14.22)$$

因此，在已知爆炸时所产生的位势 φ_0、岩石的临界破坏速度 V_{kp} 及洞的半径 r_0 和药包长度 $2a$ 后，即可利用式（14.22）求出 $M(a', y_0')$。由于已知 $M(a', y')$ 后反算 y_0' 很困难，因此在使用时最好将式（14.20）按不同的 a' 值绘制 $M \sim y_0'$ 曲线（图 14.7），这样，在已知 M 和 a' 后即可从图 14.7 上求出 y_0'。将此 y_0' 值乘以洞的半径 r_0，即得临界深度，即

$$y_{0kp} = y_0' r_0 \qquad (14.23)$$

这就是说当洞子中心与地面的距离 y_0 小于 y_{kp} 时，洞顶有产生破坏的危险。

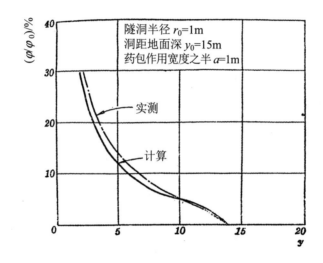

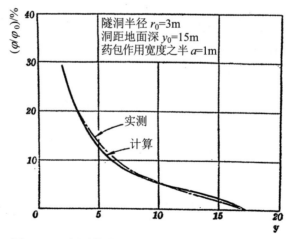

图 14.6　实测位势分布与计算位势分布比较

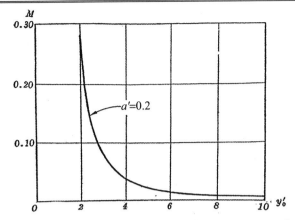

图 14.7 $M(a', y_0')$ 与 y_0' 的关系曲线（当 $a' = 0.2$ 时）

14.4 算例

设在半无限体中拟修建一导流洞，洞的半径为 20m，岩石的临界速度为 0.5m/s，假定地表有一宽为 8m 的条形炸药爆炸，其所产生的势能 $\varphi_0 = 100m^2/s$，导流洞离地表的最小深度 y_{0kp} 应为多少。

这里 $r_0=20m$、$a=4m$、$a'=0.2$、$V_{kp}=0.5m/s$、$\varphi_0=100m^2/s$。

利用式（14.22），得

$$M(a', y_0') = \frac{0.50}{100} \times 20 = 0.1$$

自图 14.7 中查得：当 $a' = 0.2$ 时，$y_0' = 2.7$。

利用式（14.23），得

$$y_{0kp} = y_0' \cdot r_0 = 20 \times 2.7 = 5.4m$$

此即为该导流洞的最小安全深度。

参考文献

[1] Браберг К Б. Ударные волны в упругой и упруго-пластичной среде. Госгор техиздат，1959г.

[2] Покровский Г И. Предпосылки теории дроблении породы взрывом. Вопросы теории разрушения горных пород действием взрыва，изд. АН. СССР. 1958г.

[3] Власов О Е. Основые теории действия взрыва. 1959г.

[4] Милович А Я. Теория динамического взаимодействия тел и жидкости. 1955г.

[5] 霍永基，李春华. 用电模拟型试验研究岩石爆破破裂范围. 水利学报，1960（2）.

第15章　重力坝坝基稳定性

15.1　引言

本章以朱庄水库大坝和铜街子水库大坝为例，讨论层状岩体上大坝坝基抗滑稳定性。这两个大坝坝基中都有软弱夹层，他们是控制大坝稳定性的主要因素。根据现场原位试验，两座大坝坝基的软弱夹层力学性质不同，朱庄大坝软弱夹层为稳定滑动，而铜街子大坝软弱夹层呈黏滑状态。

物理模型试验直观，能反映坝基工作状态和破坏机制，可以作为极限平衡理论和坝基应力计算的辅助方法，朱庄大坝设计工作中用物理模型作了坝型方案比较；铜街子大坝用物理模型研究了坝基沿软弱夹层黏滑失稳的位移和应力变化，以及最终的可能破坏机制。

15.2　朱庄水库坝基抗滑稳定分析

15.2.l　朱庄水库地质概况

朱庄水库大坝为一浆砌块石重力坝，大坝原设计为坝顶挑流式溢流，最大坝高 110m。施工过程中发现坝基中存在软弱夹层，危及大坝安全。修改设计后，最大坝高降至 95m，并改为底流式溢流。

坝址区出露的地层，有震旦系下部的石英砂岩，太古界片麻岩。片麻岩的片理走向北东，倾向北西，倾角 30°左右。石英砂岩走向北东 40°～60°，倾向南东（下游），倾角 6°～8°，与下伏片麻岩呈不整合接触。石英砂岩按岩性不同，分为九大层，大坝建在 II～VI 大层上，河床坝段建在第 II 大层上，两岸其他坝段分别建在 III～VI 大层上。层间夹泥层厚度，在两岸坝段除 III 层底与 IV 层底为 2～5cm，一般均为 1～5mm。对坝体稳定性影响最大的是河床坝段的 II-5 层和 C_n72 层，两层间距 2.5m。它们所在河床段都已经泥化，II-5 内有二层，为灰绿色、灰白色夹泥，含砂粒，一般厚 0.2～0.5cm，局部达 3cm。C_n72 为灰白色、黄色软泥，有二至三层，一般厚 0.3～1cm，最厚 4cm（图 15.1 和图 15.2）。

坝址附近有 F_1、F_4、F_5、F_6 等四条较大的断层通过（图 15.2）。F_1 断层出露在朱庄村东的后沟中及东山一带，走向北东 5°～10°，倾向北西，倾角 25°～30°，延伸长达 20km，破碎带宽达 100m 以上，为压性断层。推测 F_1 断层在坝基下 1.1km 深处通过。F_6 断层位于右坝头，延伸较长，走向北东 15°～30°，倾向北西，倾角 7°～11°，亦为压性断层，破碎带宽 0.8～5m。F_4 断层走向东西，倾向南，倾角 65°，为张扭性断层，破碎带宽 8～10m，在大坝桩号 0+540 附近穿过坝基，经导流洞出口伸向下游河床，与坝轴线成 45°～50°交角，对坝基及坝体的应力状态有一定影响。F_5 断层位于坝址上游，走向东西，倾向北，倾角 75°～80°，为张扭性断层，破碎带宽 10m。

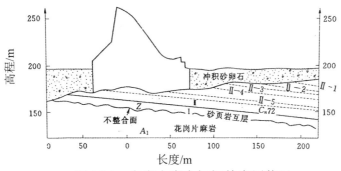

图 15.1　朱庄水库大坝坝基岩层状况

坝址区裂隙发育，走向主要为北东，倾向北西，倾角在 70°以上，近地表裂隙多呈张开状态，并充填有黏土。坝址两岩还见有裂隙密集带，一般宽 1～2m，带内裂隙间距甚小，延伸较长，岩石破碎，并有泥质充填。

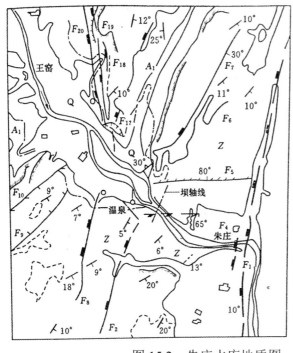

图 15.2　朱庄水库地质图

15.2.2　岩体力学性质

为了论证坝基抗滑稳定性，对岩体的变形特性和软弱夹层的抗剪强度，进行了试验研究，先后分别用静力法和动力法，测定了岩体的弹性模量，由于受工程施工等各种条件限制，动力法做得较多，静力法较少，表层岩体较多，深层较少。

静力弹性模量用千斤顶法在平洞中进行，加载与卸载过程的典型应力变形曲线见图 15.3。

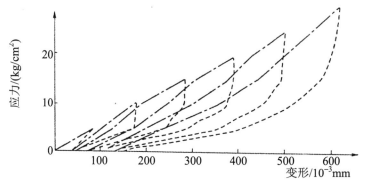

图 15.3　岩体应力与变形关系曲线

考虑到坝基应力分析的需要，在试验中不仅测量了垂直方向的应力与变形，还测量了水平方向的应力与变形。试验点布置图 15.4 和表 15.1，层位见图 15.1。

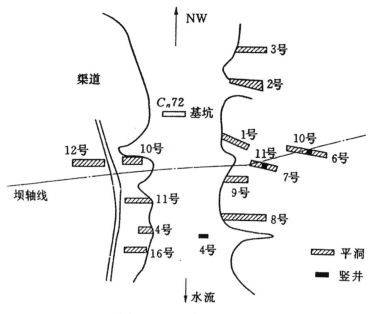

图 15.4　试验点布置图

表 15.1 静力法弹性模量试验地点表

序号	试验地点	建筑物部位	岩层	层次	试验组数		
					水平	垂直	小计
1	4 号竖井	主坝	肉红色石英砂岩	II	2		2
2	16 号平洞	主坝	肉红色石英砂岩	II	3	2	5
3	6 号平洞	副坝	板状石英砂岩	III		1	1
4	10 号竖井		条带状砂岩	IV	1		1
	合计				6	3	9

从试验结果得知，石英砂岩和条带状砂岩，每个加载循环均有明显的残余变形，按各循环荷载分别计算的弹性模量，加载应力愈大，E 值愈小，并且在同一级荷载下，"变形模量"比弹性模量小许多，最多的两者相差 3 倍，水平方向比垂直方向更为突出。水平方向的 E 值大部分比垂直方向的大，各向异性的程度，随应力增加而下降。岩体的各向异性，主要是受各种不连续面的产状及其中的破碎带状况和充填物性质的影响所致。

对于软弱夹层抗剪强度，分别在现场用 $50cm \times 50cm$ 的试件，和在室内用 $15cm \times 15cm$ 的原状试件进行试验。此外，在夹泥的III、IV、V、VI等四层中，取部分扰动土，在室内用人工控制其含水量的重塑土样，在直剪仪上进行固结快剪。以上三种试验，分别做了 14 组、16 组和 106 组。

现场试验的试点位置见图 15.4，试验成果（峰值强度）见表 15.2。

表 15.2 野外大型抗剪试验成果表

夹泥层编号	洞号	凝聚力 $C/(kg/cm^2)$	摩擦系数 f
II-1	8 号	0.47	0.38
	11 号	0.76	0.48
II-2	1 号	0.41	0.15
	9 号	0.34	0.30
	10 号	0.24	0.63
II-3	2 号	0.15	0.70
	3 号	0.05	0.68
II-5	4 号	0.13	0.36
		0.15	0.40
C_n72	基坑	0.08	0.38
III层底	7 号	0.40	0.25
	12 号	0.25	0.22
IV层底	6 号	0.31	0.34
		0.26	0.34

Ⅱ-5 夹泥层的典型应力位移关系曲线见图 15.5。试验结果反映出来泥层有两个特点：一是变形大；二是强度低。其抗剪强度取决于层面的粗糙度和夹泥层厚度。当接触面光滑而夹泥层厚度大于起伏差时，沿岩石和夹泥层弱接触面剪断，抗剪强度很小；当夹泥层厚度小于岩面起伏差时，上下岩面咬合，并对抗剪强度起控制作用，抗剪强度较高；当局部没有夹泥时，形成岩面之间的摩擦，抗剪强度显著变大；如果岩石层面之间有错台时，则造成一部分岩石被剪断，抗剪强度大为提高。Ⅱ-5 夹泥层屈服以后呈稳定滑动。

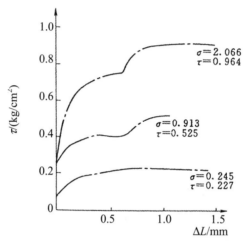

图 15.5　Ⅱ-5 夹泥层典型应力位移关系曲线

室内 15cm×15cm 的试件成果，与现场试验是接近的。一般情况下，夹泥层土工试验数值，比上述两种情况小，当夹层的上下岩石面光滑，或层面起伏差不大时，土工试验值与现场试验值相近或略大。

对于Ⅱ-5 和 C_n72，对峰值强度乘以 0.7 折减系数，分别取 f 为 0.29 和 0.22，$C=0$。

15.2.3　极限平衡理论的应用

在设计中，用极限平衡理论分析抗滑稳定性时，假定向下游的软弱夹层为一滑动面（BC）与Ⅱ-5 和 C_n72 的位置和倾角接近，还假定坝址处有一垂直剪切破裂面 CE（图 15.6），因为坝基中垂直河床最发育的裂隙，是 80° 高倾角，这个假定，接近实际情况。当滑动面处于极限状态时，假定坝后岩体沿 CD 面破坏，根据极限平衡理论，转移到下游岩体上的力 R 为

$$R = \frac{\sum H \cos\theta + (\sum V + G_1)\sin\theta - f_1[(\sum V + G_1)\cos\theta - \sum H \sin\theta]}{\cos(\varphi - \theta) - f_1 \sin(\varphi - \theta)} \tag{15.1}$$

式中　$\sum V$ ——AE 计算面以上垂直重量的总和；

　　　G_1 ——岩体 $ABCE$ 的自重；

G_2 ——岩体 CDE 的自重；

f_1、f_2、f_3 ——软弱夹层、第一破裂面、第二破裂面的摩擦系数。其中 f_1 是根据试验确定的，f_2 和 f_3 的数值是假定的；

θ、α ——软弱夹层和第一破裂面与水平面的夹角；

φ —— R 的作用方向（与水平面夹角），这里取 $\varphi = \arctan f_3$。

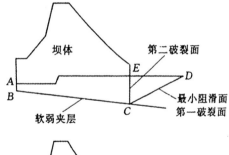

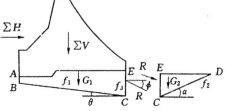

图 15.6　朱庄大坝坝基假定滑动面

然后假定坝后岩体破坏面 CD 与水平面成 α 角，根据下式求 K：

$$K = \frac{f_2[R\sin(\varphi+\alpha) + G_2\cos\alpha]}{R\cos(\varphi+\alpha) - G_2\sin\alpha} \qquad (15.2)$$

用一组 α 值代入试算，用 K 为最小值的 α 确定 CD 面，K 即作为抗滑稳定安全系数。

有的坝段（溢流坝段），坝上游部位开挖齿槽，这部分坝体的混凝土，与软弱夹层以下的砂岩直接接触，计算中取 $f = 0.55$、$C = 0$。由于抗滑控制面上各段的摩擦系数不同，各分段的总荷载，根据材料力学计算的垂直应力，进行分配。

鉴于极限平衡理论的假定过于简化，不能反映朱庄水库复杂地基受力后的力学性状和破坏机制，即使安全系数 K 随意性很大，虽然满足设计规范的要求，不能反映真实情况。于是设计工作中，又采用 CE 面上的水平应力 σ_x，作附加控制条件，用下式计算 σ_x，即

$$\sigma_x = \frac{R\cos\varphi}{h} \qquad (15.3)$$

式中　h ——第二破裂面高度。

现对允许值 $[\sigma_x]$ 作了规定，见表 15.3。

表 15.3　坝趾岩石允许水平应力 $[\sigma_x]$

部　位	设计条件/(kg/cm²)	校核条件/(kg/cm²)
9 坝段	2.0	3.5
8、10 坝段	3.0	4.5

注　8、9、10 三个坝段都是溢流段。

计算 σ_x 的公式是很粗略的，σ_x 允许值的规定也缺乏根据。在朱庄水库大坝的设计中，因为 K 值一般都较大，就形成用 σ_x 控制选择断面尺寸很不合理的局面。石英砂岩的湿抗压强度为 2300～3100kg/cm²，如果下游岩体为均匀岩体，按 2kg/cm² 和 3kg/cm² 控制 σ_x，显得不合理地过于偏小。它是任意确定的自我安慰值，天然岩体总是首先沿裂隙面破裂，单纯把围岩压坏的可能性比较小（指低应力情况）。因此，仍应用 Coulomb - Navier 准则，即

$$\tau \leqslant c + f\sigma \tag{15.4}$$

判断坝趾基岩沿裂隙面和围岩剪切破坏的可能。因为坝基中最发育的密集裂隙为 80° 高倾角，这对坝基抗滑稳定性是比较有利的。假定的第一破裂面 CD，是抗剪断，稳定分析中理应考虑 C 值。设计中取 $C = 0$，又增加一部分安全因素。所以最终的安全系数经过七折八扣，万无一失，成了保险系数。

15.2.4　模型试验的应用

这部分工作主要是配合选择坝型进行的，一共做了五个比较方案。试验只模拟了 II-5 和 C_n72 两个软弱夹层和 F_4 断层。

静力模型试验相似律，有两个独立的相似系数，即

（1）几何比：

$$C_l = \frac{L_P}{L_M} \tag{15.5}$$

（2）应力比：

$$C_\sigma = \frac{\sigma_P}{\sigma_M} \tag{15.6}$$

式中　l、σ——几何尺寸与应力，下标"P"表示原型，"M"表示模型。

固体和液体材料容重的因次为 $\rho = \sigma L^{-1}$，因此，容重的相似系数为

$$C_P = \frac{\rho_P}{\rho_M} = \frac{\sigma_P L_P^{-1}}{\sigma_M L_M^{-1}} = \frac{C_\sigma}{C_L} \tag{15.7}$$

这次试验，是一个沿软弱夹层和围岩的剪切破坏问题，需要满足强度相似条件，强度的相似系数即为 C_σ（抗压、抗拉及抗剪强度都应满足 C_σ）。朱庄的模型只模拟了软弱夹泥的抗剪强度，其抗剪强度为

$$[\tau] = C + f\sigma \tag{15.8}$$

现场试验测定的 II-5 层和 C_n72 层的 C 值很小，模型中取 $C = 0$，又因 f 是无因次量，只要 $f_P = f_M$，夹层的剪切强度就满足相似律。

围岩的强度和夹层的变形特性没有模拟。这样设计的模型，坝基第一次破裂（或夹层初始滑动）之后，试验成果中，无论是应力、变形、破坏形式、极限荷载，都不满足相似条件，是近似的结果。根据开始破裂（或夹层初始滑动）和极限状态的超载情况，分别得到下限安全系数 K_1 和上限安全系数 K_2，K_1 比

K_2 的近似程度好。

五个模型（图 15.7）分别是：

（1）在没有发现 Ⅱ-5 和 C_n72 以前的原坝型基础上，坝前曾挖齿槽，切过以上两夹层。

（2）在模型（1）的基础上，坝后加宽。

（3）底流溢流方案。

（4）第一设计方案。由模型（3）发展而来，F_4 断层用断层塞处理，护坦首部挖浅齿槽。

（5）第二设计方案，与模型（4）不同的是护坦首部为深齿槽，切断 Ⅱ-5 层和 C_n72 两夹泥层。

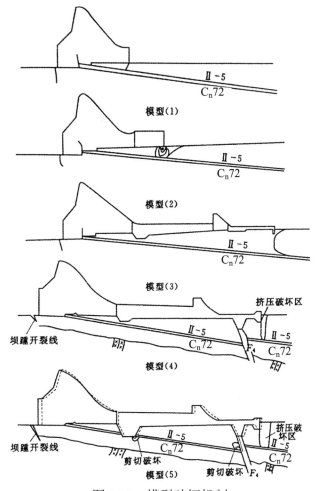

图 15.7　模型破坏机制

以上五个模型的安全度见表 15.4，安全系数是实际荷载与设计荷载之比，上、下限安全系数分别表示开始破坏（或夹层滑动）和最终破坏这两种状况时的荷载与设计荷载的比值。

表 15.4　五个模型的安全泵数表

模型	坝顶高程/m	计算水位/m	下限安全系数	上限安全系数	上下限之比
（1）	276.5	275.4	0.84	1.72	2.25
（2）	276.5	262.0	0.96	2.56	2.69
（3）	276.5	262.0	1.49	5.08	3.41
（4）	266.5	262.0	1.79	5.97	3.34
（5）	266.5	262.0	1.84	10.01	5.44

模型（1）和模型（2）的下限安全系数都小于 1。这两个模型上游坝踵处，都出现裂缝，模型（1）的裂缝呈垂直状，模型（2）的裂缝略向下游倾斜。齿槽基岩突变处，坝体都发生向上裂缝，模型（2）的裂缝较深。下游岩体自软弱夹层以上全部破坏。

模型（3）、模型（4）、模型（5）都是底流溢流方案，模型（3）中没有模拟 F_4 断层，模型（4）、模型（5）是坝高降低 10m 方案。三个模型的下限安全系数都大于 1，模型（5）的潜在安全度最大。

模型（3）中，坝底基岩突变处，坝体首先产生垂直向上的裂缝，随后坝踵处开裂，最终护坦末端软弱夹层以上的基岩破坏。

模型（5）在最终破坏时，中部齿槽与 F_4 断层之间，有明显的整体移动，这说明，由于中部开挖了切过两个夹层的深齿槽，增加了 II-5 层以上岩体的整体性，有较多的水平推力，由 C_n72 夹层下的岩体传向下游。从坝踵处测量的模型变形（表 15.5），看出模型（5）的变形比模型（4）小，表 15.5 中 P_0 表示设计荷载，P 为试验过程中所加的荷载。在弹性变形范围内，两个模型的变形很接近，初裂以后，两个模型的变型差值，与荷载增加不成比例，这不仅与材料的非线性有关，主要的是破裂后，两个模型中的破裂面发展情况不同所致。

表 15.5　模型（4）和模型（5）坝踵位移表

模型（4）		模型（5）		坝基状态
P/P_0	模型坝踵位移/mm	P/P_0	模型坝踵位移/mm	
1.00	0.034	1.00	0.032	初裂
1.79	0.060	1.84	0.054	
2.42	0.123	2.70	0.103	
2.93	0.177	3.52	0.175	
3.79	0.802	6.03	0.473	
5.97	2.000	10.01	5.000	最终破坏

根据模型试验结果，模型（3）的坝型，已经满足设计要求。但是综合了极限平衡理论和有限元应力分析成果，在初步设计阶段选用了模型（4）的坝型。

15.2.5 数值计算

有限元计算中，坝基采用三角形单元（图 15.8）。对 II-5 和 C_n72 两个软弱夹层当做"层状介质"（见 5.5 节），即沿层面只能传递剪应力，不能传递拉应力。夹层传递剪应力的最大值不超过 $|f\sigma_n|$。不考虑夹层的非线性应力应变关系，夹层采用 Mohr-Coulomb 准则。先按弹性介质计算，然后与强度准则比较，如果计算值超过极限状态，用"应力迁移法"反复调整。

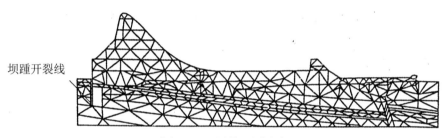

坝踵开裂线

图 15.8 网格示意图

考虑到坝踵范围内大部分单元水平方向都出现拉应力，而实际上坝基中高倾角裂隙发育。因此，第一次应力调整时，按某一条单元分界线开裂（计算中采用了坝踵垂直分界线），该线上的结点用双结点代替，分界面变成两个自由面（图 15.8）。

计算还表明软弱夹层上部切向位移大，下部位移小。尤其在 C—C 处上下错动最大（图 15.9、图 15.10）。帷幕上（图 15.9 中 A—A）和 F_4 断层附近（图 15.9 中 E—E）的上下层位移呈线性变化（图 15.10）。因此，尽管在坝基中部软弱夹层产生较大错动，但在帷幕和 F_4 附近没有引起错动。这与软弱夹层屈服后为稳定滑动有关。

计算结果表明，计算断面[相当于图 15.7 模型试验中的模型（4）]在设计荷载条件下坝基的工作条件是稳定的。

在这个实例中可以看到有限元弹塑性分析与模型试验之间相辅相成的作用。计算可以得到应力场、位移场和 II-5 与 C_n72 两夹层之间的相对位移。试验直观的得到坝基破坏机制，表明计算中第一次应力分配时取坝踵岩体产生裂缝是合理的。模型试验根据超载系数得到坝基抗滑稳定安全系数，可供参考，弥补了计算的不足。根据两者得到的结果，工程采用的断面，坝基抗滑稳定性是足够的。

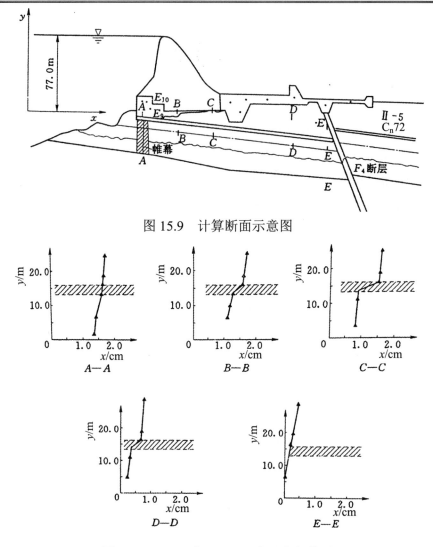

图 15.9　计算断面示意图

图 15.10　Ⅱ-5 与 C_n72 两夹层之间位移

15.3　铜街子水电站坝基抗滑稳定分析

15.3.1　铜街子坝基软弱夹层力学特性

铜街子水电站坝基为二迭系玄武岩，岩层倾向下游 6°～8°，在玄武岩各喷溢轮回间，沉积了薄层凝灰岩，经后期构造运动，在玄武岩层间形成了软弱夹层，大坝置于第五层玄武岩上，基础中有几条断层和软弱夹层切割，破坏了岩体整体性。选择了溢流坝深齿墙方案坝段作为研究对象，考虑了 C_4、C_5 两条软弱夹层，F_3、F_9 两条断层以及破碎带 f_{127}（图 15.15）。

软弱夹层 C_5 的抗剪强度是关键的力学参数，根据野外试验的剪应力—剪位移关系曲线（图 15.11），屈服后呈脆性破坏，$f=0.31$、$c=0.15$MPa。

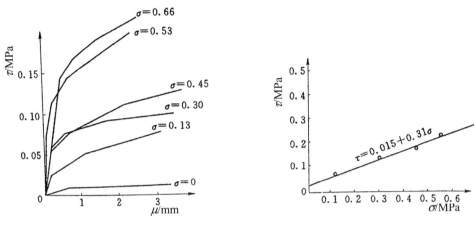

图 15.11　C_5 现场直剪试验结果

15.3.2　不连续面脆性破坏

1．块体之间黏滑机制

不连续面剪切屈服之后可能有三种情况，即理想塑性、应变强化塑性及脆性破坏，前两者为稳定滑动，后者为不稳定滑动或称为黏滑。

不连续面的黏滑现象已被试验所揭示，经过许多学者的研究，在坝基失稳过程中黏滑现象将反复出现若干次，这个过程的机理还没有被研究透彻。

图 15.12 是表示黏滑过程应力状态的简图。图 15.13 是石膏小块体摩擦试验得到的黏滑振荡曲线，试块的尺寸为 9cm×9cm×4cm。从图 15.12 和图 15.13 可以看到不连续面脆性破坏的特点，块体受力后，不连续面切向变形连续，剪应力与剪应变之间呈线性关系，到达极限状态时不连续面上产生位移跳跃。同时，剪应力突然下降（图 15.13），剪应力突然下降时剪切面之间的弹性变形全部转化成错动，没有变形恢复。此后，再增加剪应力，不连续面传递剪应力的能力又恢复，上述黏滑现象反复发生。

2．不连续面的黏滑机制

上述试验只能反映两块体之间的黏滑特性，不能完全反映岩体中不连续面的破坏过程。因此，再用与小块体力学参数相同，不连续面之间的接触条件相同的大块体，模拟不连续面的破坏过程，块体为 150cm×40cm×50cm，模拟了一条倾向下游的不连续面。根据刚体极限平衡理论计算，模型上极限荷载为 5MPa，试验中第一级荷载 P_0^* 取 0.5MPa，以后按 0.5MPa 的整数倍数加载。

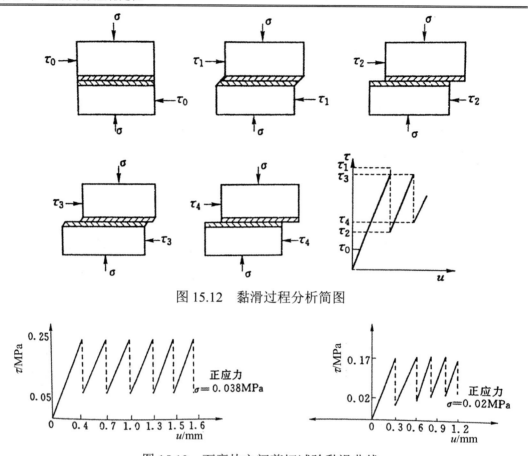

图 15.12　黏滑过程分析简图

图 15.13　石膏块之间剪切试验黏滑曲线

第一级荷载作用后 B、C、D 三点处上下层之间发生错动（图 15.14），表明不连续面在 BD 之间局部剪切破坏。第二级荷载（$P/P_0^* = 2$）作用后，不连续面上六个标点都出现错动，最大位移差出现在 D 点，B 点次之，介于两者中间的 C 点，错动量小于它们。上游部位的 A 点与下游的 F 点错动量最小，两者中 A 点错动量略大于 F 点。不连续面上的错动是不均匀分布的。以后的各级荷载，D 点的错动量一直最大，E 点的错动量虽然不大，但是在 $P/P_0^* = 3$ 以后其变形率与 D 点接近。当 $P/P_0^* = 6$ 时，D 点的错动量十分突出，但是 E 点处的错动量仍不大，这反映可能在 D 点下游块体本身开始产生一条潜在的滑裂面（图 15.14 中的虚线）。

根据极限平衡理论计算只能知道沿不连续面失稳时的极限荷载，而通过模型试验不仅可以知道极限荷载，还能够了解到不连续面失稳的发生和逐步发展过程。可惜的是，本次试验未能记录到不连续面在 $P/P_0^* = 6$ 以后的错动发展情况，以及滑动面完全贯穿时的荷载。

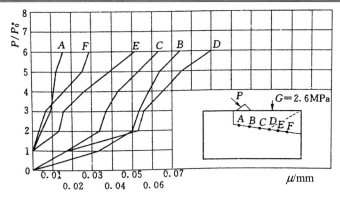

图 15.14　块体中应力与不连续面上下层之间位移差曲线

15.3.3　铜街子坝基不连续面黏滑失稳模型试验

为了分析不连续面的脆性破坏过程中不连续面两侧的位移差、应力变化以及坝基的破坏机制，用脆性材料做了模型试验。模型中模拟了 F_3、F_9 两条断层和 C_4、C_5 两条软弱夹层及破碎 f_{127}（图 15.15）。还模拟了 C_5 的剪切变形状态和剪切强度参数（图 15.16）。

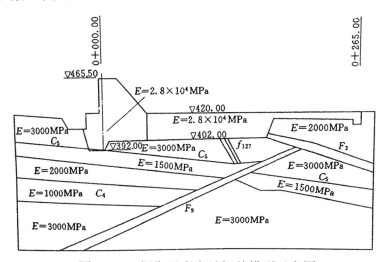

图 15.15　铜街子水电站坝基模型示意图

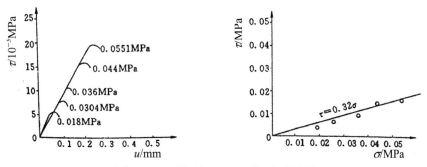

图 15.16　模型上 C_5 直剪试验结果

15.3.4　模型试验结果

1．坝基失稳过程中的位移状态

根据激光散斑记录的位移场，取坝基中某些关键点进行分析，图 15.17 中点 1 与点 4、点 2 与点 5 以及点 3 与点 6 等分别是 C_5 上下侧的对应点，可以得到 C_5 上下侧之间的水平位移差，有助于分析 C_5 的失稳状况。试验过程中，分别按设计水压力 P_0 的整数倍数逐级加载，得到 P/P_0 与各点水平位移的关系曲线。

从图 15.17 可以看到，位于 C_5 下侧的点 4、点 5、点 6 三点直到 $P/P_0 = 6.5$（P_0 为设计水压；P 为实际水压力）位移曲线始终为线性。从点 1 与点 4 的位移曲线可以看到，齿墙部分的位移始终大于 C_5 下侧的岩体。但是，在点 2 与点 5 及点 3 与点 6 之间，在开始阶段 C_5 下侧岩体位移大于上侧，这反映齿墙起到很好的传力作用，使 C_5 以下的岩体充分受力。当 $P/P_0 = 1.5$ 以及大约 $P/P_0 = 4$ 时，点 2 与点 5 及点 3 与点 6 之间 C_5 上部位移才分别大于下部，表明 C_5 的失稳过程是自上游开始，逐步向下游转移的。

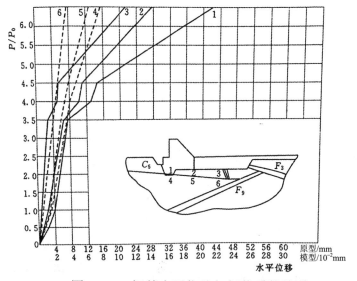

图 15.17　坝基水平位移与超载系数关系

从点 1、点 2、点 3 的位移曲线可以看出，$P/P_0 = 3.5$ 是一个转折点，这时模型中传出"啪啪"的声音，这两种现象表明 C_5 突然错动，自此位移速率加快。但是，随后 $P/P_0 = 4$ 至 $P/P_0 = 4.5$ 之间，上下侧之间的位移差又有下降的趋势，充分反映了软弱夹层脆性破坏失稳过程中的黏滑特点，与小块体之间的黏滑摩擦试验相似。$P/P_0 = 4.5$ 时 C_5 层上下侧之间再次错动，此时模型中再次传出"啪啪"声。当 $P/P_0 = 6.5$ 时，点 1、点 4 之间错距最大；点 2、点 5 之间次之，点 3、点 6 之间的错距最小，这反映了点 3、点 6 下游的破碎带 f_{127} 对 C_5 的滑动没有明显的影响。

从图 15.18 中可以看到，岩体上的 A 点与坝体上的 B 点之间的水平位移差变化情况，它的变化规律与 C_5 之间的水平位移差相似，分别在 P/P_0 = 3.5 出现第一个转折点，$P/P_0 = 4$ 后变形率下降，$P/P_0 = 4.5$ 之后，AB 之间相对变形急剧增加。由此可以判定，AB 之间的拉伸状态与 C_5 上的错动是同时变化的，当 $P/P_0 = 3.5$ C_5 第一次错动时，AB 之间的位移突增，

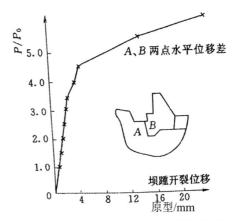

图 15.18 坝踵处坝体与岩体之间位移差曲线

当 $P/P_0 = 1.5$ C_5 再次错动时，AB 之间拉伸急剧增加，以致最终发展到断开。

2．坝基失稳过程中 C_5 附近的岩体应力状态

C_5 滑动过程中软弱夹层自身的应力变化情况十分重要。但是，目前还不能直接测量软弱夹层的应力，只能用紧邻 C_5 上下侧的岩体应力变化进行讨论。因为围岩的弹性模量和强度都比 C_5 高，因此用实测应力值讨论 C_5 的状态时不免出现这种情况，即应力圆超出 C_5 的强度包线。但是，从中可以得到 C_5 的应力变化规律，有助于认识 C_5 的滑动过程。

从图 15.19 可以看到，在齿墙附近 C_5 上部的应力测点 10 处的应力状态为：$P/P_0 = 3$，应力圆超出 C_5 强度包线；$P/P_0 = 3.5$，超出更多；$P/P_0 = 4$，应力圆恢复到弹性状态；$P/P_0 = 4.5$，应力圆再次超出 C_5 强度包线。f_{127} 破碎带附近的 C_5 上下侧点 11 和点 12 的应力状态为：$P/P_0 = 3$，应力处在弹性范围；$P/P_0 = 3.5$，应力圆才超出 C_5 强度包线；以后的变化规律相同。

这两处第一次发生脆性错动的荷载均为 $P/P_0 = 3.5$。随后都是在 $P/P_0 = 4$ 应力下降，C_5 的承载能力上升，并且在 $P/P_0 = 4.5$ 时 C_5 再次出现错动。C_5 上下侧之间出现的应力跳跃状态与两个小块体岩石接触面摩擦过程中的应力振荡性质相同。对比上下游点 10 与点 11 两处的应力状态，上游点在 $P/P_0 = 3$ 时应力圆已经超出 C_5 的破坏包线，而这时下游点应力仍处在弹性范围，可以认为 C_5 的错动量是上游先于下游发生的。

3．坝基破坏特征

图 15.20 表示荷载加到 $P/P_0 = 4.5$ 时的坝基破坏情况，坝踵处坝体与岩石拉开；C_5 的剪切错动造成齿墙下游岩石剪切破坏；护坦下游和坝趾处岩石也发生剪切破坏；f_{127} 压缩破坏；坝体出现刚体位移；由于坝基位移过大，以致 F_3 断层内也形成剪切破坏。

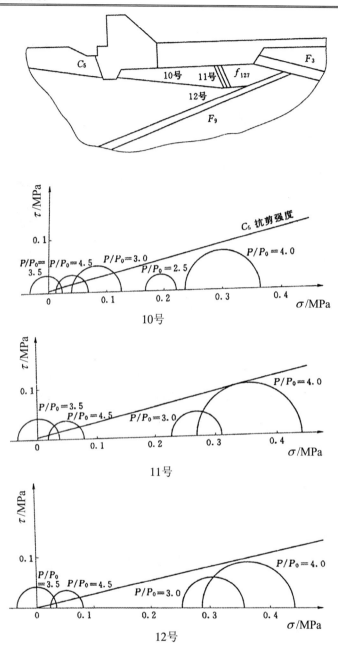

图 15.19　C5 两侧应力状态（P 为实际水压力；P_0 为设计水压力）

从坝基水平位移与超载系数 P/P_0 曲线上也看出同样结果（图 15.17），即点 1、点 4 之间位移差最大，点 3、点 6 之间最小，点 2、点 5 之间居中，即软弱夹层的错动自上游向下游发展。$P/P_0 = 4.5$ 之后，C_5 上下侧之间位移差急速发展。

从 C_5 两侧应力状态（图 15.19）也可以看出，$P/P_0 = 4.5$ 时，软弱夹层两侧应力都达到极限状态。

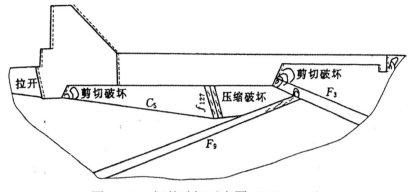

图 15.20 坝基破坏示意图（$P/P_0 = 4.5$）

15.4 坝基抗滑稳定安全准则

过去，由于不能计算坝基应力，只能用极限平衡理论计算坝基抗滑稳定安全系数。该理论以坝基总的抗滑阻力与造成大坝滑动总推力之比例作为抗滑稳定安全准则。本章 15.4 表中的上限安全系数与其相当，这时大坝处于崩溃状态。

本章表 15.4 中的下限安全系数相当于坝基局部破坏或沿软弱夹层首次滑动（或错动）状态，由坝基应力状态确定安全系数。这相当结构设计中的构件设计。

衡量坝基抗滑稳定性的两种准则，坝基局部破坏或初次滑动，谓之下限，其局部应力达到极限状态。坝基整体崩溃谓之上限，坝基总体达到极限状态。

两种判定坝基稳定性准则，前者含义准确，应力计算简明可靠。后者概念含混，其抗滑稳定安全系数随意性大，且应力计算繁复，存在问题较多。

坝基中对滑动稳定起控制作用的软弱面力学性质复杂，它可能呈弹塑性，岩土进入塑性状态之后，不仅有形状变化同时还有体积变化，较常见到的是扩容现象。而金属进入塑性状态之后只产生形状变化，没有体积变化，塑性理论源于金属，塑性流动法则没有考虑扩容，岩体进入塑性状态后有扩容作用，原于金属的塑性理论，对岩土肯定不适用。因而软弱夹层作非线性弹塑性分析，肯定有误差，而且误差难于估量。

至于呈弹脆性状态的软弱夹层，它进入初次失稳状态之后，会多次发生应力跳跃现象，如果仍不顾一切，用非线性弹塑分析，计算结果必然是错误的，根本不能用。因为黏滑现象是软弱夹层失去连续，应力跳跃造成能量释放。计算结果与实际应力状态相比较早已面目全非。

其实，以上讨论也是多费笔墨。先进的坝基非线性应力计算去适应概念含混、理念陈旧的极限平衡理论，是不协调，也是倒退，本不应采用。

参考文献

[1] 河北水利水电学院朱庄大坝结构试验组朱庄水库指挥部. 大坝抗滑稳定模型试验（阶段报告）. 石家庄：河北水利水电学院，1973.

[2] 河北水利水电学院朱庄大坝结构试验组朱庄水库指挥部. 朱庄水库大坝抗滑稳定模型试验研究总结报告. 科技简辑，1975（3）.

[3] 水电部十三局设计院，北京大学汉中分校固体力学教研组，河北省朱庄水库工程指挥部. 用有限元法对有软弱夹层地基和坝体应力的分析. 水利水电工程应用电子计算机资料选编. 北京：水利出版社，1977.

[4] 陆家佑. 层状岩体坝基抗滑稳定分析中的几个问题. 岩土工程学报，1980(1).

[5] 郭增健，秦保燕. 震源物理. 北京：地震出版社，1979.

[6] 陈兴华，等. 脆性材料结构模型试验. 北京：水利电力出版社，1984.

[7] Lu Jiayou, Mei Jianyun. The successful construction of a high gravity dam on complex rock formation，Proc. of 2nd Inter. Conf. on Case Histories in Geotechnical Engineering. 1988, st. Louis，Missouri U S A.

[8] Yang Guohua，Lu Jiayou. An experimental study on brittle failure of weak intercalations in dam foundation by physical modelling，Proc. of the Inter. Conf. on Rock Joints. Leon，Norway，1990.

[9] 杨国华，陆家佑. 重力坝坝基软弱夹层脆性破坏模型试验研究. 岩石力学在工程中的应用——第二次全国岩石力学与工程学术会议论文集. 北京：知识出版社，1989.

中外文人名对照表

Bieniawsky	宾里亚夫斯基
Bingham	宾汉
Bolterra	波尔泰拉
Boltzmann	波尔滋曼
Brace	布雷斯
Coulomb	库仑
Drucker	德鲁格
Fenner	芬纳
Griffith	格里菲斯
Heim	海姆
Herget	赫格特
Hoek	霍克
Hooke	胡克
Kastner	卡斯特纳
Kelvin	凯尔文
Lamé	拉麦
Levy	列维
Maxwell	马克斯韦尔
McClintock	麦克林托克
Mises	米塞斯
Mohr	莫尔
Navier	纳维叶
Prager	布拉格
Prandtl	普朗特尔
Rabcewice	腊布希维茨
Reuse	瑞斯
Russense	鲁申斯
Terzaghi	太沙基
Tresca	特瑞斯卡
Walsh	华尔斯
Winkler	文克耐尔

Voigt	伏格特
Volterra	伏尔泰拉
Zienkiewicz	显克微支
Диннhик	琴尼克
Протоъяконоб	普罗塔季雅柯诺夫

后　　记

（一）三峡岩基组

我在大学学的是桥梁与隧道专业，桥梁设计首先要确定设计荷载，而且荷载明确，已经载入设计规范。

1956 年大学毕业来到水电科学院，第一个任务是试验确定隧道衬砌荷载的 Протоъякоhоб 山岩压力理论中的一个强度参数。

山体中开挖隧道后顶部岩体可能坍塌，但是已经坍塌的岩石不赋与任何支撑体系压力。顶部岩体也可能有些破坏但不坍塌，修建衬砌后顶部岩体坍塌的可能性不大，普氏山岩压力理论在这种边界条件下建立，不能反映衬砌是否受力，同时在他的公式中该强度系数力学意义不明确。很不幸，这个任务我无法完成，首战失败。

隧洞开挖后是否一定要衬砌？什么情况下可能不衬砌？除了做混凝土衬砌之外还有什么加固岩体的方式？加固体系的受力机制又如何？带着这些困惑我来到三峡岩基组。

三峡岩基组几十名成员，来自水利、土木、采矿、地质、数学、化学、电子仪器等学科，个个朝气勃勃、富有理想。但是谁也不清楚我们应该如何工作，用现在的语言讲就是"摸着石头过河"。但是思想交锋、知识交流，人人受惠。

岩基组技术负责人陈宗基先生年青时在荷兰研究黏土流变性质，在国际上已小有名气，国家派专人到瑞士与他相会，动员他回国。他说他从印度尼西亚赴荷兰留学前夕，他家的第一代移民，他的祖父叫他学成之后回国，抱效祖国，他于 1954 年回国，在中科院土木建筑研究所（哈尔滨）发挥所长，继续黏土流变性研究。1958 年，在"大跃进"声浪中为了三峡，他弃长就短，主动要求到武汉来，在三峡岩基组与我们这群年青人一同"摸着石头过河"。

在认识世界、改造世界过程中，没有一本成熟的参考书作指导，只能自己动手，在干中学。三峡岩基组人多主意多，做过多种探索、尝试，其中较大规模的行动一项是在勘探平峒中利用支架实测岩体赋与它的压力；另一项是在平峒中用应力解除法测量岩体初始应力（国外有文献称之谓岩体残余应力）。

实践表明前一项工作没有涉及问题的本质方面。而第二项工作，试验结果不能直接用于工程设计，但是这是基础性研究，它可帮助工程师作出好的设计。

这项工作在国内属首次开展，是一次探索，后来国内大型工程（主要水电站地下工程）都要应力测量工作。

国际上已经发表了许多隧洞水压试验成果，三峡岩基组用自己研制的仪器完成了同样试验。国际上的论文都终止在试验本身和试验结果上。但是试验得到许多令人深思、富有启发性的内容，三峡岩基组从试验中发现岩体各向异性性质，于是写出《各向异性岩体中衬砌受内水压力后与岩体联合作用》的论文。国际上直到两年后的 1962 年才有反映，苏联发表了一位通讯院士的论文，与我们类似但是方法不同，我们的工作由陈宗基先生点题，郭友中与我两个年青人完成，可惜 1960 年论文写成后被冠以"三峡研究成果"，保密尘封。直到 20 余年之后才由我们俩人重新写出，在国内外发表。

隧洞水压试验结果提供的信息，在我离开三峡岩基组之后仍在思考。加之，后来知道曾经有高内水压力隧洞衬砌，于压力并不高的情况下在顶部产生纵向裂缝，我曾经到一个出事故的隧洞现场调查。我用塑性力学全量理论作分析，揭示了由于岩体与混凝土变形特性的差异，衬砌运转之后，经过多次反复加载、卸载之后，顶部衬砌可能与岩体脱开，故在低于设计荷载时开裂。这篇论文原拟提交 1966 年在里斯本召开的"国际岩石力学协会成立大会暨学术会议"，这时"文化大革命"开始了，一切学术活动处于停滞状态，直到 1982 年才在国内《岩土工程学报》和在西陆召开的"国际压力隧洞与管道会议"上同时发表。

1966 年国际岩石力学协会成立之时，正值"文化大革命"时期。又过 20 年，1985 年"中国岩石力学与工程学会"成立，陈宗基教授当选理事长，这时他是中国科学院地球物理研究所之长、中科院院士。原三峡岩基组成员王武陵当选为副理长，朱维申为常务理事，梅剑云为常务理事兼秘书长，周思梦为常务理事兼副书长、并主管《岩土工程学报》，本人为理事和《岩石力学数值分析物理模拟专业委员会》副主任兼秘书长。

郭友中已经归队，从事数学物理研究工作，担任中国科学院计算技术研究所常务副所长。金汉平已经取得美国柏克利加洲大学博士学位，留在美国从事固体力学研究工作。

昔日三峡岩基组星星之火今已燎原，我们这一代人的学生、学生的学生已成为国家建设栋梁。我想起 1959 年，中科院副院长张劲夫在武汉对我们的要求"出成员、出人才"。我又想起数学家华罗庚教授生前经常说他自己"甘当人梯"。对照我自己，毕生科研贡献有限，但是作为人梯中的一级大概合格，略感自慰。

因为从事岩石力学工作，到过祖国一些名山大水，我热爱山水这上帝的杰作。我也热爱人类自己的杰作——文学与音乐，它们是我终身朋友，与我的终身事业——岩石力学构成我生命的支柱，我一生很充实，没有虚度。我今年 83

岁，已经告别岩石力学舞台，但是还在为普及西方古典音乐贡献点滴力量，深感生活美好。

（二）忆三峡

20 世纪末，从电视上看到三峡坝区围堰合垅的实况转播，心情激动，回忆起四十年前我在三峡岩基组工作时在三斗坪的一段工作、生活经历，于是写成此文。

船出宜昌，西行不久浩瀚的长江忽然收缩，这里便是南津关。南津关像瓶颈扼住长江，大有一夫当关万夫莫入之势。进入南津关，两岸尽为奇峰陡壁，有的几近直立，抬头仰望，视线难达峰顶。夹着漩涡的江水排山倒海滚滚而下，后浪推前浪波峰竞比高。江水拍打岸边岩石发出低沉轰鸣，衬托怒涛吼声，汇成一首气势磅礴的交响曲。

我乘坐一叶小汽艇在波峰与波谷中吃力的爬行，向前望去江水正以铺天盖地之势猛扑下来，好像随时可能吞没这只小船，江水冲击船头激起的浪花不断涌上甲板，艇身左右摇晃上下起伏，置身舱内我感到头晕目眩。我曾经乘客轮过三峡，它的船体大吨位重，航行在急流险滩中仍保持平稳，乘客可以轻松饱览峡光山色，却欣赏不到惊心动魄的波涛交响曲。

> 朝辞白帝彩云间，
> 千里江陵一日还。
> 两岸猿声啼不住，
> 轻舟已过万重山。

李白没有止笔于描绘静态的山势，"轻舟已过万重山"内涵丰富，非身临其境不能感受，想必诗仙乘一叶木舟飞泻直下时遇险不惊，仍谈笑风生等闲视之。

三斗坪是三峡中少有的开阔地，河床宽水流平缓，江中有岛名中堡岛，岛长约一公里。西北端有一片农舍掩映在柑橘树和橙树林中。岛上罕见人影只闻鸟语，宛如世外桃源。

三斗坪的地层为花岗岩，基岩坚硬是良好的大坝基础，一座高出河床 200 米的大坝将横跨中堡岛切断大江。地表是花岗岩风化后的砂质土壤，适宜种植花生。柑橘树和橙树随处可见，此时正值收获季节，江边柑橘、橙子堆积如山。

长江北岸一废弃农舍厨房外侧的柴房是我们的住所，它四壁透风幸好屋顶不漏雨。清晨醒来天微明，我来到数十米开外一块平卧的大石旁。受山水长年冲刷岩石表面光滑棱角已呈圆弧，山上来水流经大石泻向山下，在岩石表面凹处形成水潭，积水清澈。我蹲在水流出口处洗漱完毕，坐在山坡上任晨风吹动我的头发和上衣。夏末初秋，山涧气温渐低，寒气袭人。

顷刻，东方天空漫射出几丝霞光。长江就在山脚下，但是只闻涛声不见江面，我只能看到江面上空稀薄如纱巾般的浮云，它缓缓地飘移，逐渐变得更稀薄，最后在太阳升起时消散殆尽。

林中的小鸟尽情歌唱，歌声清新悦耳，大概她也刚醒来正精力充沛，在树枝上跳来跳去，自得其乐地唱个不停。远方断续传来轮船汽笛声为小鸟的歌声伴奏，构成峡谷晨曲。

阳光终于照射到山坡，陶醉在三峡晨曲中的我贪婪地享受日光和新鲜的空气，白天我们将在不见天日、空气流动不畅、散发潮气和霉味的地质勘探洞中做岩体应力量测试验。工作之余没有电视机、没有收音机，甚至没有电灯照明。生活艰苦、单调、思念家人，但是心中很充实，世界上有几个像三峡这样的大工程，我庆幸我这一生事业的起点就在这里。

四十年过去，如今中堡岛砂石料堆成山，皮带运输机和塔式起重机组成立体战场，宁静的果园已不复存在，高峡出平湖之日，中堡岛将静卧湖底。

图 10.6　1 号主洞 6+000 桩号附近成片岩爆，灰岩中很少裂隙发育（水利部贵阳勘测设计院邹成杰摄）

图 10.9　天生桥隧洞中 2 号主洞中一次顶部特大岩爆，顶部崩落成拱形，大量破碎岩块散落洞底（水利部贵阳勘测设计院邹成杰摄）

图 10.10　岩爆物理模型试验，应力较低时发生劈裂破坏，已崩落，照片中可见笋皮状的剪切破坏

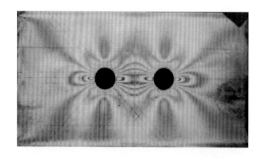

模型 1

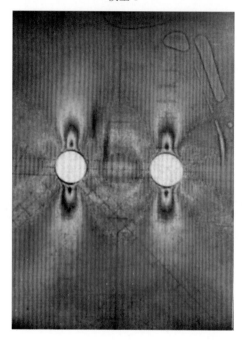

模型 2

图 12.2　光弹性试验等色线照片

图 13.22　母线洞中边墙垂直开裂，照片
中箭头所指